【一本书，可能改变人的一世】

【一句话，可能影响人的一生】

· 当代论语丛书 ·

感悟人生酸甜苦辣，洞悉世事曲折纷纭

世事人情看清楚——《人生悟语》

国学家 教育家 演讲家 哲学家

李燕杰 教授写序推荐

人生悟语

刘兵 著

（修订本）

悟

人民出版社

策划编辑:张文勇

责任编辑:张文勇 于 璐 郭 倩

装帧设计:肖 辉

**图书在版编目(CIP)数据**

人生悟语/刘兵 著. —2 版(修订本)-北京:人民出版社,2015.7
ISBN 978－7－01－015010－9

Ⅰ.①人… Ⅱ.①刘… Ⅲ.①人生哲学-通俗读物 Ⅳ.①B821.49

中国版本图书馆 CIP 数据核字(2015)第 148315 号

# 人 生 悟 语

RENSHENG WUYU

(修订本)

刘 兵 著

人民出版社 出版发行

(100706 北京市东城区隆福寺街 99 号)

北京集惠印刷有限责任公司印刷 新华书店经销

2015 年 7 月第 1 版 2015 年 7 月北京第 1 次印刷
开本:710 毫米×1000 毫米 1/16 印张:17.25
字数:248 千字

ISBN 978－7－01－015010－9 定价:36.00 元

邮购地址 100706 北京市东城区隆福寺街 99 号
人民东方图书销售中心 电话 (010)65250042 65289539

# 再版说明

感悟当下社会生活的《人生悟语》，其内容基本涵盖人生的方方面面，大到理想信念、人生价值、忧国济世，小到家庭生活、交友处邻、礼貌待人等等，适合不同年龄层次的人阅读，尤其是对广大青少年更有教育、感化和启迪的作用。本书自 2010 年 8 月出版以来，已经进行了 3 次印刷，深受广大读者的欢迎和喜爱。为满足读者需求，此次再版。本版除对第一版作了核校个别误字及标点符号、删除意义相近语句等修改外，还适当增补了部分新的条目。相信再版后的《人生悟语》，定会更受读者青睐。

编　者

2015 年 3 月

寒雪梅中尽

春风柳上归

曹建林书

# 序　一

一句话，可能影响人的一生。

一本书，可能改变人的一世。

刘兵先生多年以来在实践中感悟，在感悟中实践，实践是检验真理的唯一标准。他的《人生悟语》是诗化的哲思，是哲思的诗句。翻开人类的历史，我们会发现江山代有才人出，各领风骚数百年。2500 年前，中国出现了老子、孔子，印度出现了释迦牟尼，西方出现了苏格拉底、柏拉图、亚里士多德，他们不仅以诗教给人以启示，并用哲理给人以启迪。

改革 30 年，我在海内外到过 700 个城市，从中国到亚洲，从亚洲到北美、欧洲，我在出访时也获得多方感悟，为此写了 60 种书。今年，由清华大学出版社出版了我的四本书《生命在高处》、《大道有言》、《总有一种方式让你脱颖而出》、《走近智慧》。我写这四本书时，一直是从一个感悟到另外一个感悟，我既重感悟，更重哲理。我希望把自己的感悟形成哲理，再让读者在阅读这些哲理时，达到新的感悟，这一点与刘兵先生有相同、相似之处。我深深懂得，写人生感悟需要长期的实践，需要深刻的顿悟，更需要借助智慧形成人生哲理。我这些年收到 16 万封信，广大青年在信中经常提到关于学习、事业、理想的哲思，以及爱情婚姻、家庭的哲理。

我很赞成这种思辨。悟性或感悟，是介乎情感的形象思维和理智的抽

象思维独特的思维形态。它是理论与材料之间的桥与船，这无疑是动态结构，从作者到读者之间形成悟的互动，递进与联动，使作者的一个又一个的哲思，在读者心中达到新的升华。

时代在前进，每当百花齐放、百家争鸣到来的时刻，总会出一批哲人与哲思。当这些哲思与读者互动时，必然形成一种新的哲理思辨，这些思辨必将把智慧推向一个又一个新高度。

今天，刘兵先生的《人生悟语》中，对这些青年关心的问题作了多方面的回答。我经常想，写这种书要做到天人合一，知行合一，情境合一，诚明合一。天人合一是真，知行合一是善，情境合一是美，诚明合一是慧，刘兵先生的哲思中有真有善有美有慧，为此，我愿为他写序，并向广大读者推介。

2008 年 12 月 25 日

智慧书院

（**李燕杰**系首都师范大学教授、国学家、教育家、演讲家、哲学家、经济学家）

# 序 二

陈明

　　起初，收到刘兵先生这本书，看到扉页上的《人生悟语》四字，有些担心。

　　但看完这本书，起初的担心荡然无存。格言类的文字，容易流于泛泛而谈，大而无当。这本书却没有这些毛病。虽是格言，每个句子却很实在，包含着生活经历中朴实的道理。

　　作者刘兵，从政多年，文字中并未有一些官员自以为是的夸夸其谈。在他的观念里，做官主要是为人民服务，"责任"大于一切。一些本是老生常谈的话，往往蕴含最简单的道理。据熟悉刘兵的朋友所言，刘兵其人，言行一致，做官是靠实干，从基层慢慢做起；在这个过程中，他体味了身为草根的不易，也察觉到了百姓的生存状况。因此，他的文字少了虚浮，多了真诚。

　　刘兵的这本《人生悟语》分为十三个板块，这十三个板块大致分为四个方面：道德、信念、理想和务实，框架的搭建囊括人生的方方面面，虽然格言之间并没有紧密的联系，但在价值观的坚持上是一致的。

　　刘兵的价值观非常注重儒家的实干精神，例如强调竞争，不主张老子"无为"，讲究诚信的生活态度；在官场、为人处世上讲究"道"的同时也讲"术"的使用。当然，"道德"也是作者强调的，并贯穿于此书的始终。这本书的最重要价值不在于谈了多少理论，而在于作者对生活的真实感

1

悟。更重要的是，他能自觉地反思自己的感悟，并花费心血编辑成册，这让人看到了儒学在人民群众那里的实用基础。理论的作用不在于自上而下地指导生活，而是从经验中提炼的，刘兵对自己生活经验的提炼与儒学一些基本价值观的一致，恰好印证了儒学是从普通民众的生活中提炼而出的。因此，儒学强调实用性。

即使刘兵的文字没有小说家那么华丽，他的理论没有哲学家那么艰深，但他的朴素和执著是闪光点，学问只有落实在此处才是最坚实的。

刘兵还让人佩服的一点是，多年来对文学保持着一种执著。文学的理想主义者大多是青年，感情强烈但脆弱，一旦进入生活，理想主义会被现实磨损。但刘兵长久保持对文学的热爱，在琐事缠身的工作中，能平心静气地守着自己的"文学梦"，并写出了《热土集》和《人生悟语》两部作品，这种精神实属难得。

（**陈明**系中国社会科学院儒教研究中心秘书长、教授）

# 目　　录

1

人生悟语

人生悟语

悟

# 一　理想·事业·追求

## 理　想

理想是人的灵魂、奋斗的动力、前进的坐标和指南。

理想是人的精神支柱。没有理想，人就失去了站立的脊梁。

一个人有了理想，就有了明确的奋斗目标和努力方向，就能不断地积极进取、提升自我，实现人生价值，也就会受到人们的尊重。

理想、信念、奋斗，成功不可缺少的基点。

实现理想有三点：信心、知识加勇敢。

理想如航船，信念是风帆，困难像险滩。唯有把握航向、鼓起风帆，才能战胜险滩，驶向成功的彼岸。

理想与现实之间是间隔的，而不是连通的。只有一点一滴地努力，一步一个脚印地推进，才有可能到达理想的彼岸。

抱有理想的人，对生活都是炽热的。

理想的滑坡是最致命的滑坡，信念的动摇是最危险的动摇。

人要有理想，但不能脱离实际，要脚踏实地，一步一个脚印地去践行自己的理想。

理想在奋斗中彰显，信念在坚韧上铸就。

人不能没有理想。没有理想，就像大海中航行的无帆无舵之舟，不仅没有前进的动力，也会失去前进的方向。

一个人不要枉费生命，要多追求理想、少追求私利。因为，只有理想才赋予生命意义，才使生活更富有价值。

一个人有了远大理想，就是吃尽人间之苦，心里也是快乐的。

对有理想的人来说，拼搏中的每次失败，都是对自己的一个严峻考验。

引领人走向未来的是理想，没有理想就没有追求和向往。

崇高的理想是鼓舞、激励人们积极向上的精神动力。

在人生的道路上，只有不断确立途中的标杆，才能始终沿着正确的方向前行而不走歧路。

理想就是探照灯，没有理想就会走向黑胡同。

一个人有远大理想，但不可好高骛远，以事小而不为。

人要有崇高的理想。因为，理想既是一个人战胜困难的思想动力，又是一个人长期坚持干好工作的精神支柱，更是一个人抵御各种腐朽思想侵蚀的钢铁长城。

谁将理想束之高阁，谁就难成一番大业。

不付诸行动的理想是空想。

有自己的远大理想，并以自己的全部精力为之奋斗，才是崇高而伟大的。

理想能让人对事业有一种持续不断的追求力量。

人，只有靠理想的引领，才能免入歧途而走正路。

理想必须建立在扎实、勤奋的基础上才能实现。

谁将理想看作是不努力就能实现的想法，谁就是痴心妄想。

凡名垂青史的人都是有理想、有抱负之人。没有理想，就不会有英杰和伟人的诞生。

穷而志长比富无远志高贵得多。

鸟不展翅难飞高，人无大志没出息。

## 事　业

事业是干出来的，不是喊出来的。空喊口号的人是干不出什么名堂的。

一个人要成就一番事业，不仅在于做自己热爱的事，更在于把事业变为自己热爱去做的事。

事业就像成熟的果子，谁去采摘，谁就能得到。

一个人只有融入社会，将个人命运同国家和人民的事业联系在一起，才能最大限度地释放自己的能量，在奉献自己的同时，实现自己的人生价值。

智慧、专心、真挚、意志是取得事业成功的四大要素。

不为名利所累而为事业苦干。

事业的发展与人才的成长是相辅相成的。没有人才的支撑，就没有事业的发展；没有事业的发展，人才的成长就会受到制约。

一个人对事业追求越执著，说明这人对事业爱得越深。

一个人只要"有限的生命"没到终点，那就要为"无限的事业"继续拼搏，绝不懈怠。

谁对事业投放的精力越多，谁得到的回报就越多。

大是小的积累，一个人只有先把小事做好了，才有可能做成大事。

如果你对自己的事业坚信不疑并且矢志努力，你所付出的劳动就是快乐、幸福的。

干大事，既要讲理想，又要去实干，还要不盲从。否则，大事难成。

一个人不必强求一生能做多少事，能干成一件让别人景仰、令自己满意的事足矣。

生命有限，事业无涯。

干什么事都一样，没有最好，只有更好。

啥事只有干起来才有收获，不干则一无所有。

留名于后世，在功业，不在其他。

假如你爱你的事业，你就可以为它献出一切，包括生命。

人只有脚踏实地，走好自己脚下的路，才能把自己的事业做大、做强。

要想干成事，不能怕犯错；要想不犯错，除非不干事。

## 追　求

人的能力是有限的。不管你从事什么活动，都不要勉强自己超越个人极限，去企求难以达到的目标和高度。

奋发有为的精神状态，既来自庄严的历史使命感，又来自人们对美好未来的憧憬和追求。

没有追求就没有信仰，没有信仰也就无所谓追求。

放弃追求的人，永远不可能成功。

人要有一点精神。麻木不仁、精神委顿，就会失去生机与活力、方向与动力。

自来水管的高度，绝不会超过水塔的高度；同样，一个人所能取得的成就，也绝不会超出他对事业追求的热度。

一个人不能光为别人鼓掌，也要争取让别人为自己喝彩。

人要有一种向上的力量。这力量来自于健康的体魄、坚忍不拔的意志和崇高的追求。

和平是人类永恒的追求和普遍的渴望。

人生在世，应当努力为社会创造财富，追求自己和人类的幸福。

一个人对事物要有识别、有目标、有追求。如同有人说过，力虽不逮，但心向往之。只要我们有了这样一种心理，那就会有所上进、有所创新、永不停息。

追求真理，义无反顾；奋斗一生，绝不后悔。

追求知识着迷的人，是不知道什么叫疲倦的。

生活在相对安逸舒适环境里的人，如果因此放弃艰苦奋斗的传统和美德，并一味把骄奢淫逸的纵欲作为人生的目标去追求，那么，其结果是非常可怕的，而其人生也将是苍白无力的。

不求名利，但求业绩。

人的贡献如何，主要表现在对事业的追求上。

不断追求、不断探索，对未知的事物始终应该保持这样的态度。

任何东西的获得，都是追求所赋予的。

完美的人是没有的，一味追求完美是不现实的，也是造成一个人不能轻松的原因之一。

完美人生，人人向往。对于完美，只能是不停地追求、不停地靠近，尽管很难抵达。

清醒的、并非盲目的追求，才是聪明的。

对于追求不到的东西，不要死抱不放，该放弃的一定要放弃。面对现实生活，积极进取，勇于拼搏，才是取得成功的正确选择。

得到的是暂时的，追求才是不止的。

凡追求可望而不可即的东西，赶快撒手，以免损失更重。

人无追求，难有动力。

## 奋 斗

不为名利所累，只图事业有成。

人只有不停地奋斗，才能实现自身价值。

不管昨天怎样、明天如何，只要干好当天事，就算你找到了自己的位置。

艰苦奋斗是我们的立业之本、取胜之道、传家之宝，任何时候、任何情况下都不能丢弃。

勇于拼搏是一种精神，舍生忘死是一种境界。

干事业贵在奋斗，有奋斗就会有艰辛，有艰辛就会孕育新的成就。

自强不息，开拓进取，把握自己，再创新高。

获奖前是拼搏，获奖后再奋进。

成功不分先后，奋斗就有成就。

生活的全部意义就在于不断奋斗和追求。

"冷门"总在拼搏后"爆出"。

一个人的机智、稳健、顽强、坚韧再次告诉人们，只要心存大志、顽强拼搏，看似不能完成的事情倒有可能完成；看似不能实现的目标倒有可能实现。

成不成事，只要努力了，就没有什么可后悔的。

人生没有平坦的大道可走，唯有拼搏，才能踏平道路、快速前进。

人生是短暂的。谁能心存危机、自找压力，把每一天的任务多加一点来完成，谁就能创造人生最为耀眼的奇迹。

很多时候，人们看重的是以成败论人生，其实作为一个对生活充满憧憬和希望的人来说，拼搏之后才会领悟成败的真正含义。

只有靠自己的双手打拼未来，才能创造幸福美好的明天。

成功是暂时的，奋斗是永恒的。只有不断奋斗，才能取得更大的成功。

能难倒你的人是你自己，能干出名堂的人也是你自己。

顽强拼搏，虽败犹荣。

生存要奋斗，不干难生存。

一项任务越光荣，越没理由不去克服困难完成它。

事业无穷尽，终身须奋斗。

人生就是不停地努力、不停地奋斗。

终生付出，终身受益。

事实上，通过自己的努力谋求一个工作岗位，要比通过别人给安排一个岗位更珍惜、更卖力、更容易出成绩。

现实与愿望是有距离的，缩短距离的办法只能靠奋斗。

# 目　标

目标与志向是同胞兄弟，目标越高，志向越大。

一个人成功与否，是与他的目标定位分不开的。目标定位准确，成功率就高。反之亦反。

选择是人生的需要。选择什么，教你一招：最适合你的就是最好的。

人没有目标就没有追求，目标与追求始终联系在一起。

干什么事情都要有目标，犹如打仗一样，进不知方向，退不知所守，只顾漫无目的地乱放枪，这只能是虚张声势、劳民伤财，不仅应该达到的目标达不到，反倒伤了元气、失了民心。

人来到这个世上，就有占一个位置的权利，只有找准位置，才能有所作为。

人要有自知之明，适合干什么、不适合干什么，朝什么方向前进、往哪个方面发展，这是人生的大问题。方向正确，即使慢一点，也仅仅是步伐慢一点而已，并无大碍；而方向错误，就犹如上了歧路，越走，离目标越远。

瞄准目标，不懈追求，才能成功。

实际上，未来的目标也就是眼下的追求。

如果一个人老是改动自己的目标，那么这个人就永远到不了目的地。

实际工作中，成绩要发扬、优点要保持、不足要弥补、缺点要纠正，以便及时对个人的人生目标和事业追求进行审视和调整。唯有这样，才能始终保持正确的前进方向。

把目标当成靶子，瞄准后就要快速射击。不能光瞄不打，贻

误战机。

同时去抓两只鸟，得到的却是两手空空。

有明确的思路，加上百倍的信心和努力，是没有实现不了的目标的。

## 责　任

权大不忘责任重，位高不移公仆心，为官者须谨记。

事前不讲责任，事后推卸责任，原本就不负责任。

责任是成就事业的基石。

负责任的突出表现就是对事业的精益求精。

闪失从大意中来，细心从责任开始，无论做什么事情，都要精力集中，牢记"责任"二字。

为民是一种责任，爱民是一腔赤诚。

对人尊重是一种品质、一种礼貌，也是为人处世所必须记住和做到的一种责任。

政绩的好坏、事业的成败，很大程度上取决于一个人有没有责任心。

富有责任心是一个人为人处事、干好工作的宝贵品质。

无论社会上的哪个人，都必须承担个人应当承担的社会责任。

责任有大小，责任心没有大小。

对维护公共利益来说，无论是官是民，人人都有责任。

人不能仅仅为了有钱才活着、为了享福才掌权，"兴邦富民"才是每个为官者应当担负的责任。

只有把使命看得比生命更重

要的人，才能做到秉公办事、刚正不阿、无所畏惧。

使命因艰巨而光荣。

人太幸福了也容易使其感觉不到幸福，或者意识不到身边还有一些不幸的人，忘记了自己对不幸人群应负的责任，这种人才是真正的不幸。

心里有责任，干事才认真。

岗位因事而设，在位就有责任；为官就要"有为"，"没为"何来"有位"?!

为官者不论职务高低，都是人民公仆。人民公仆不仅仅是一种称谓，更是一种责任和要求。

权力就是责任，有权就要尽责。

做人、做事、做官，三者紧密相连，做人是根本，做事是基础，做官是职责。

吃拿卡要、推诿扯皮、冷漠拖沓、缺乏工作责任心，这种人十有八九是官混。

不负责任的人，才把责任推给别人。

用心做事失误少，做事粗心错误多。

干什么事情都一样，用责任唤起自觉，比督促更管用。

一个人能认透自己的岗位，并不怀二志，他就能干好这个岗位。

责任是一个人立身与做事的基本条件。没有责任心，什么为人、做事统统是假话。

责任出精品。

岗位不分好坏，贵在尽职尽责。

一个人整天无所事事、浑浑噩噩，这既是对事业的不负责任，也是对生命的极大损害。

扶贫济困是贫困者的权利、富有者的义务、执政者的责任。

对成年人来说，少年儿童最具可塑性，在他们面前作出好的榜样，既是对他们健康成长的帮助，也是我们每个成年人的义务和责任。

能主动揽责，的确需要一种很高的境界。

和谐：双方彼此共同守住的温柔责任。

爱岗敬业既是一种美德，也是一种责任。

握权担责任，用权受监督。这是每个为官者必须牢记的准则。

粗枝大叶惹麻烦，心细才能做精活。

难中见智慧，易中见心细。

靠前指挥，当属领导者的首要职责。

事成夸己功，错了怪别人，纯属投机取巧、不负责任之人。

再三提醒不在意，一旦事出后悔迟。

一个人对自己所做的工作不负责任，那就别指望他对国家和人民的事业负多大的责任。

## 勤　奋

俗话说，行行出状元，状元的背后就是艰辛和勤奋。

辛勤的劳动是成功的阶梯，勤劳的习惯是成功的动力。

自尊、自信加勤奋，是一个人取得成功的先决条件。

要知道，成功的果实是辛勤的汗水浇灌在寂寞的根上长成的。

人的成功是由扎实努力换来的，不是靠华而不实取得的。

人生就像一座花园，只有靠勤劳的双手，才能浇灌出满园鲜花，争妍斗奇、绚丽多彩。

大凡成绩卓著之人，无一不与勤奋有着一脉相通的浓浓情分。

勤奋成事业，懒惰事无成。

工作不惜力，勤奋出业绩。

官勤众不懒，官懒民松散。

勤奋是成就一切事业的基础和保证。

大凡成功者无不以"勤"作铺垫，否则事无成。

勤劳，乃幸福之源。

成功不负勤奋人，勤奋之后有大成。

一个人如果能在自己擅长的领域不懈耕耘，将百分之九十九的汗水洒在百分之一的灵感上，就能创造出无与伦比的骄人业绩。

天资不借助勤奋，才智就很难发挥。

大凡事业有成者，无不是在别人荒废的时间里勤恳耕耘而崭露头角。

治穷懒不能，致富勤为先。

人有天赋是幸运的，只要你能把它充分挖掘出来，那你的才智就会得以更大施展。

用勤劳的汗水换来的果实是甜的。

只有勤奋努力，才能收获美好的未来。

有灵感加勤奋，就能写出好作品。

与时间赛跑的人，都是勤奋的人。

勤奋铸富有，懒惰换贫穷。

勤奋的目的就在于追求新的高度。

只要愿走，不怕路程远；只要愿做，不怕事情多。

汗淌功绩簿，惜力事不成。

不付出就能得到幸福，纯属奢望。

出多大的力，成多大的事；不出力，就不成事。

在勤奋人的日程表里是找不到空格的。

勤奋是常说的话题，真正做到必须弃之懒惰。

既写好昨天，又干好今天，更要谋划好明天，永远是勤奋者的一大做派。

桂冠从不送给懒惰的人，勤奋者才能获得。

靠自己的勤实劳动，换得的果实最香甜。

播撒青春手，收获晚年福。

任何学问的得来，都是勤奋赋予的。没有勤奋，也就没有学问。

## 竞　争

竞赛场上，凡实力不强者，总以种种借口而弃场。

在同一起跑线上分高低，才是公平竞争。

人生挑战无处不在，就看你敢不敢应战，这也是衡量一个人能否成功的关键。

人生总有起点，起点就在脚下。

逆流而上，不进则退。

虽说起点不能决定胜负，但人对起点的把握，却是决定胜负的因素之一。

人生就像球赛一样，在很大程度上取决于自我的比赛、自我的较量。

竞争是无情的，谁不拼搏，

谁就被淘汰。

善于自我淘汰者，才不至于被他人淘汰。

竞争求胜、进取立身，乃成就事业的人生法则。

竞争的背后就是拼搏。

一个人只要不嫌弃对手，并潜心学习对手的长处，要不多久，你就会胜出对手一筹。

安于现状、故步自封，尽管昨天还是人才，今天就难说不会被淘汰了。

赛场之外见真功。

在某种情况下，判定一个人实力的强弱，竞争不失为一个好办法。

以自己的实力去竞争，胜了别人服。

有些事，该争取则争取，处处与世无争不可取。

竞争是人具有的一种特质，也是一种挑战。谁失去竞争意识，谁就做不成大事。

事实上，任何奖项的取得，都是在众人鼓掌之前拿下的。

人来到这个世界上，都是在同一起跑线上出发的，只是到后来，有的在前，有的在后，有的有建树，有的无作为。这些都由自己造成的，怪不得其他人。

与高手过招，实为学人之长、补己之短的好机会。

如果把竞技场上的比赛看作是一曲雄浑高亢的乐章，那么冷门则是这其中跳跃的音符。

其实，人生离不开"争"、"让"二字。争什么，让什么？愚以为，劳苦之事则争先，饶乐之事则能让。该争则争，该让则让。通过争，激发活力、创造出色业绩；通过让，弘扬美德、营造温馨和谐。这就是我们所需要的"争、让"态度。

从某种意义上说，赛场如人生，只要大家积极参与、奋力拼搏，那么人人都是胜利者。

赢了，舒坦；输了，坦然。

竞赛场上当看客，鲜花和奖杯永远跟自己无缘。

成功不在结果，只要尽力了，就值得骄傲。

竞赛场上的拼搏，有时拼的不是体力，而是人的意志力。

敢拼才会赢。

赢，人人都想。但要看情况、分场合：该赢则赢，不该赢则弃之。不然，就会酿成灾祸，悔恨晚矣。

力打天下，智赢一切。

谁有抢占先机的头脑，谁就能在瞬息万变的市场竞争中取胜。

## 创 业

今天播种一小点，明天收获一大箩。

业绩贵在付出，经验就是财富。

只有靠自己的双手打拼未来，才能创造幸福美好的明天。

一个人懒于进取、怯于开拓、甘居平庸、满足于随大流，这既不是简单的能力水平问题，而更重要的是内动力不足、使命意识不强、进取精神消退的一种表现。

创业不可没胆识，没有胆识难创业。

创业三部曲：先给有才能的人打工，再跟有才能的人联手，最后让有才能的人为自己出力。

创业，嘴说不苦，实干才苦；敢于吃苦，才不受苦。

创业从"实"开始，脚踏实地，步步踏实。

给老板打工，只能在人家的掌控之下。唯有自己干，才能释放出自己最大的能量。

创业要魄力，实干出业绩。

人不能永生，但人创造的事业可以永存。

事实上，创业无尽头，永远在路上。

创业难，守业更难。知难不难，克难向前。

创业，实际上就是对一个人的能力、胆识及吃苦精神的考验。

## 合 作

一个人的力量再大，也大不过自然的威力；一个人再聪明，也抵不过群众的智慧。

人和事业兴，人乱事难成。

统一同心贵似金，两岸同胞一家亲。

人与人相处，应相互照顾而不应相互拆台。

友爱产生和谐，互助激发力量。

水的凝聚力极强，一旦融为一体，就荣辱与共，生死相依，并朝着共同的方向义无反顾地前行。

不和生穷根，和睦生金银。

为了和谐而让步也是一种境界。

建设和谐社会离不开彼此之间的团结和信任。如果人与人之间能够少一点淡漠、多一份关怀，少一份猜疑、多一份信任，那人们看到的将是一番和谐美好的

景象。

凡能成大事者，无一不是能容人之所不能容、忍人之所不能忍、宽宏大度、善于团结他人之人。

双方对峙，退一步握手言和，进一步两败俱伤。

绳拧一股拉不断，人心分散无力量。

冲突，双方没得赢。

凝心聚力少不了：沟通、互谅和理解。

孤木不成林，一人难擎大。

只要内不讧，不怕外来攻。

和谐是合作之本，不和谐也就难合作。

张开的巴掌要比攥紧的拳头打出去的力量要小得多。

人间多谦让，和谐有力量。

团结是力量，真诚是基础。

一盘散沙，尽管金黄发亮，如不掺和水泥，其作用仍旧不大。

合作靠主动，并非靠命令。

善于合作是人生中的一大重事：生活需要合作，工作需要合作，人与人相处更需要合作。没有合作，人就不会有理解与沟通、宽容与尊重，社会和谐就很难形成。

凡事站在同一立场上，双方才有合作的可能。

在现实生活中，任何人要成事立业，都离不开他人的支持与合作。

一木不成林，滴水不成河，人心齐、泰山移，这是公认的道理。

一个人的力量是单薄的，如果你能得到别人的合作，那么你就能做更多、更重的事情。

谁要想得到别人的支持和协助，谁就要学会尊重并突出别人的优点和利益，这是我们欲求他人合作的最有力的法宝。

同为伍而貌合神离，干什么事都合拢不到一起。

疑心是阻挡合作共事的屏障。

岂不知，相互之间多沟通、多勉励、多切磋，既可出和谐，又可出友谊、出力量。

凝心聚力铸就伟业，单打独斗不成气候。

说到做到是与人合作的前提和保证。

一个人不能融于集体、性格怪僻，毕竟不能算是一个成功的人。

要知道，和谐并不等于没有原则的迁就。

## 英　雄

一个人如果能耐得住奋斗的寂寞、经得起失败的磨砺、受得了世俗的冷眼，那你就是一个最坚强、最有忍耐力且最能让人感到无法战胜之人。

危难时刻挺身而出，这才是英雄好汉。

英雄莫问出身。

革命英雄主义永远是我们应当追求的理想境界。

发扬革命英雄主义精神，锻

造坚强卓越的民族品格，无疑是时代的呼唤。

屡挫屡战，永不言败，方显英雄本色。

英雄，永远是一面激励人心的旗帜。

英雄辈出的民族，长盛不衰；英雄辈出的时代，生机盎然。

英雄出自众人中，远离众人无英雄。

只有为正义而斗争的人，才配做英雄。

英雄是一种人格、一种美誉，绝不单单勇于献身就是英雄，英雄的标准应该是多样性的，不能局限哪一种。

谁要把自己的命运系在别人手里，谁的人生就毫无价值。因此，只有那些在进退维谷的境遇中，以自己全部生命的力量，同命运作抗争的人才格外难能可贵，才能真正彰显精明强悍和超然的英雄本色。

面对茫然的未知世界，只有敢于拓荒的人，才是最伟大、最值得骄傲的英雄。

英勇顽强的人，能把困难化作一种心灵的愉悦和奋进的激情，勇往直前，绝不怯懦。

英雄付出的要比常人多得多。

大难面前，谁敢站出来援助弱者并为其分担痛苦，谁才是真正的勇者。

失败也英雄，说明你曾拼搏过。没有失败，也就无所谓英雄。

俘一将，胜杀十个卒。

英雄无悔。因为，他已做出了无愧于己和世人的壮举。

# 二  人生·价值·奉献

## 人　生

人生两件事：做人和做事。

人生是流动的，也是变化的。人只有在流动的人生中适应变化，才能紧跟时代步伐而不被历史潮流所淘汰。

定位决定人生，选择当需慎重，凡事都靠自己来决定。

游戏人生最悲哀。

人生就像充足气的皮球一样，拍拍打打、起起落落。

人生是酸甜苦辣的集合体。

喜忧参半是人生。

谁能不断充实生命的内容，谁的人生价值才更高。

人生如下棋，智者赢，愚者输。

在得与失的问题上，乐于多失，甘愿少得，得亦不喜，失亦不忧，这才是积极的人生态度。

人若以水为尺，便可裁出长短高低。

其实，人生的价值不在于一个人所处的位置，而在于所选择的方向；人生的意义不在于一个人活的长短，而在于能否活出质量。

做人要长远，绝不能像池塘里的水泡那样，一闪即逝。

人活着就是这么一个过程，一步步走向清醒、走向成熟。

一个人只有对工作执著、认真，并具备认识上的宽度，才能有人生境界的深度和高度。

在茫茫人海中，我们只不过是其中一分子，对于第一次的参与、第一次的失败，完全不必看得过重。要学会看淡自己、看轻自己，没有负担地走好人生每一步。

人生最大的满足不是对自己的地位、金钱、家庭生活的满足，而是对自己内心的满足。

酸、甜、苦、辣是人生的调味品。

人的一生有许多缺憾，有缺憾不足为怪，这是现实存在。

一个人如果能够做到不为蝇头小利所惑，不与他人争一时高低，那么，你的人生之路就会越走越顺畅。

人生在世，孰能无过，有过就改，则可无过。

人生总是在毫无预料中拐弯，明天永远充满扑朔迷离，关键就看你如何适应、辨别与把握。

人生如同茫茫人流，各走各的路，没人在意你。因此，在现实生活中，不必费尽心思猜疑他人如何对待你、如何评论你，也不必过分在意个人的得失、成败和对错，这只不过是人生成长道路上的一个警示牌而已！

人生道路多坎坷，不是登山而又胜似登山。只有不畏艰难险阻的人，才能有望到达"一览众山小"的境地。

人生就是这样，很多事情仅仅换了一个角度，看到的结果就

大不一样，甚至完全相反。

做人就做枝繁叶茂的参天大树，不做随风摇曳的墙头小草。

人生不应该事事都追求完美，偶尔犯了点错误也不要消极。因为，人生的道路是坎坷不平的，犯了点错误，能及时改正也不失为一种美丽。

没有付出的人生是空虚、无聊的。

你可知道，决定人生境界高低的关键因素，并不是成功与失败本身，而是人对成功与失败所持的态度。

人生的路不平坦。平坦了，人生就会黯然失色。

记住：不要把短暂的一生浪费在无谓的说教上。

人生不像土地能复耕。因此，必须倍加珍惜生命的历程，让人生的每一步都能踏出个有价值的痕迹来。

宁愿在艰辛中舍弃生命，不愿在快乐中苟且偷生。

人生多有不顺事，历经磨难砺大志。

谁拥有平和的心态，谁就拥有健康的人生。

笑对人生，凡事都能泰然处之。

人生就是有人反对、有人支持，不然人生就不精彩。

人生就像一条崎岖的路，不调坎坷难达尽头。

在人生的道路上，一个人的弯路走得多，其经验也多、收获也就越大。

一个人要想在人生的棋局上立于不败之地，最为重要的就是，敢于面对现实、接受挫折、不怕失败、锐意进取、永不懈怠。

只有尝过酸甜苦辣、历经千辛万苦的人，才知人生真味。

人生不可逆转，珍惜人生就是珍惜生命。

人生多风雨，搏击见晴天。

在人生旅途中，失落的日子常有，它只不过是几处没有阳光的阴地。不要紧，走过去，相信日出云开的天气总会到来。

谁能回忆自己的一生感到没白过，谁就心安理得、无怨无悔。

选择是一个不断演绎人生的过程。人无选择，人的一生也就无奇而平淡。

## 价　值

人的价值不在于生命的长短，而在于为人类的进步作出自己应有的贡献。

一个人的真正价值，最重要的是取决于他对社会的贡献大小。

一个人要真正活有价值，就要在活着的时候把自己的聪明才智全部奉献给社会。

一个人只有坚持追求物质富有和精神富有的统一，人生才有意义和价值，才能获得真正的幸福，进而实现人的全面发展。

一个人的价值不仅仅体现在个人的职位高低上，更重要的是体现在工作的质量、效率和效果上。

要知道，正义与善良、责任和信念，这些都是永远不能被忽视的价值。

人生是短暂的。在这短暂的一生中，你要想得到社会的认可，你就要为社会创造价值。

价值从才干中彰显，有才不干，一分不值。

人活得长久，并不能说明价值就高。相反，人的寿命虽短，

但活得充实、活出了质量，其价值就高。

生命的价值在于创造。没有创造，生命就失去了意义。

人活着能多做一些有益于社会和人民的事，其生命的价值就越高。

只有闲不住的人，才能一步步实现一寸光阴一寸金的价值。

人，只有发现和利用自己的价值，其人生才有价值。

从一定意义上讲，精神富有比物质富有更重要、更富有价值。

现实生活中，由于某些人的价值观扭曲，时常会出现好人遭诋毁、坏人受推崇的现象。这种现象如不改变，久而久之，就会引起社会动乱。

一个人只有冲出自己生命的狭小圈子，并自觉、主动地投入到社会生活中去，才有可能实现自己的人生价值。

人生的价值不仅仅在于生存，更重要的在于你为人类和社会作出了什么。

## 奉　献

有付出，才有回报。

奉献既是一种给予，也是一种精神上的享受。

衡量一个人成功与否的标准，既不是看他的学历和单位，也不是看他的官职和财富，而是看他对社会有没有贡献。

懂得奉献与付出的人，才能真正感受到关怀与真爱的幸福。

像蜡烛燃烧自己，让火光照亮别人。

人的一生可能有作为，也可能没作为。我不能没作为，我要为人类和社会的进步付出我生命的全部。

奉献是崇高的，在奉献中体味快乐，这样的人生才充实、才有意义。

一个人能在奉献中升华自己的理想和追求，这是人生的最高境界。

阳光是无私的，它给万物以生命却不要任何报酬。

我是梯子，愿为你攀高服务。

利在众后，责在人先，甘愿吃苦，乐于奉献。

奉献者可以无私，但社会不能无情。

比享乐，铸就意志消沉；比贡献，催人奋发向上。

我没有别的东西奉献给社会，仅有手中的笔加勤快的手。

谁献身于社会，谁就能在历史史册上留下光彩的一笔。

生命不息，笔耕不止，写出华章献人类。

人民养育了我，我要用十二分的热情干好工作、报答人民。

奉献，既是一种境界，也是一种社会责任。

人因奉献而高尚。

只求奉献，不求回报，为民造福，其乐融融。

人，要像一颗种子，无论撒到哪里，都能生根、开花、结果，无私奉献社会。

奉献能给人带来付出的快乐。没有付出，何来奉献之乐。

忘我为民献终身，这是人生的最高境界。

人生的价值在于奉献，奉献越多价值越高。

得到是一时的满足，奉献是永远的快乐。

有付出就有收获。谁付出，谁就能享受"送人玫瑰手留余香"的快乐。

每个人在历史的长河中只不过是一瞬，但在这一瞬中也要像流星一样洒下光芒。

生命的意义在于不断地追求和奉献。

本事用在为民上，生命价值最高尚。

以苦为乐、不懈追求，乃奉献者荡气回肠的崇高精神。

无私没有高境界不成。

## 命　运

命运掌握在手，成功全靠奋斗。

有时，一个偶然的瞬间就能改变一个人的命运，甚至能改变人一生的生活。

一句鞭策、鼓励的话，往往能改变一个人一生的命运。

命运的设计靠自己。

命运，只有通过自己的拼搏才能幸运。

谁能把握住自己的命运，谁就是强者。

幸运固然能将生命的价值托起，但痛苦同样可以把生命的价值提升，关键在于，你能否从痛苦中找到愉悦和激情。

敢同命运作斗争的人最坚强、最伟大。

面对不幸的命运敢于挑战，这才是好汉。

笑能拉近人心，也能改变命运。

你可知道，伟人之所以成伟人，就是因为他们在命运的废墟中完成了自己最后的雕像。

在命运坎坷的时候，你能大智大勇、泰然处之，厄运就会向你低头。

一个人如果老是怨天尤人，他就不可能把自己想象成自主自强的人，也就不可能成为自己灵魂的船长、命运的舵手。

命运能给人带来不幸，也能给人带来机遇，关键看如何把握、怎样争取。

命运从来都按自己的轨迹运行。

命运从来都偏向它的勇敢者。

受命运摆布的人，是不会幸福的。

谁敢同命运抗争，谁就不会被命运压垮。

不确定性是命运的特性。有时，一个偶然的机会就可把它改写。

屈服命运就是颓废人生。

强者主宰自己，弱者被命运宰割。

其实，人遇厄运是不幸的，但能在厄运中创造奇迹却是幸运的。

## 生 命

水能给人以生命，也能使人送命于其中。

只有珍惜生命，才能热爱生活。

生命就是在不断地回味和不断地憧憬中驶向未来。

人生因付出而绚丽，生命因付出而延续。

生命长短无关紧要，重要的是看对社会付出多少。

珍惜生命，方能把握光阴；把握光阴，才能获得更多成就。

生命，因真诚而美丽。

一个人的生命是有限的，真正富有创造力的"盛果期"并不长。因此，适时用好人生的"盛果期"至关重要。

珍爱生命并不是不要拼搏、不要奋斗，而只是希望能在平日的生活当中认真善待生命。

生命之火，贵在燃烧。

人的生命虽短暂，但人的崇高精神并不因岁月的流逝而消失。

一个人对生命没有敬畏感、做事没有底线，这是非常危险的。

一个生活在魔幻中的人，是谈不上生命价值的，现实的铁锤足以能让他在牢骚叹息中虚度此生。

困难和曲折是生命中不可回避、必然出现阻止人进步的障碍物，但它的出现可能使许多人更加成熟、生命更加绚烂多彩。

逃避现实而自残生命是可悲的。

如果你懂得了每个生命都有欠缺，那么你就不会再与他人作无所谓的比较了，同时，你也才能真正珍惜你所拥有的一切。

生命似流水，遇阻起波澜。

生命的价值就在于做比生命更重要的事情。

谁能在自己的生命即将结束时想到别人，并为别人的生命尽最后一点力，那他就是世上最伟大、最可敬之人。

生命是日月的累加，珍惜生命就不要虚度日月。

懂得生命意义的人，就不会用时间的长短来诠释生命。

人的生命是有限的。唯有美德和功绩，才能将短暂的生命拉长。

生命因捍卫真理而宝贵。

有时，生命中的最好图画并不是浓墨重彩描绘而成的，也许只是一个淡淡的印迹，深藏在人的心灵柔软处，一旦触及它，它就会像潮水一样地朝你涌来，包围你、感动你，使你美不胜收。

人生最大的遗憾，就是生命不能重来一次。因此，珍惜生命比珍惜什么都重要。

人的最大悲哀，就是不珍惜自己的生命。

珍爱生命靠自己，健康自重要牢记。

生命因爱而美好。

生命的真实体现在平凡之中，其耀眼的光芒就在于创造人间奇迹。

从某种意义上说，生命的本身就是由一个个期盼组成的。人有了美好的期盼，生命就会变得更鲜活、更强健。

都知人的生命只有一次，但仅有的一次生命有的人也不珍惜。

## 生　死

人靠精神支撑。人没有精神，就等于死亡。

无论对谁来讲，死亡都是可怕的。然而，面对死亡，不同的人却有不同的态度。

生老病死、花开花落，这是自然规律，不必过于担心。

死，对一个有崇高信念的人来说算不了什么，因为我们已经把生命交给了人民的事业，而人民的事业是永恒的。

对一个人来说，死最容易，生存最艰难。

为人民的利益而死，死而无憾。

人死后能让众人怀念，说明活着的时候这人对社会做过贡献。

生有意义、死有价值，不枉在世度一生。

谁能在生死大限来临的时候，深感此生无憾，谁就死得其所、死得坦然。

能活出价值，死有何惧?!

生死关头，才能看出一个人的真实面目。

其实，死只是躯体的离开，而不是一切的失去。因为，死者在世时的为人与做事，往往能给生者留下永不磨灭的回忆，其精神绝不会随躯体的离开而消失。

谁自暴自弃，谁就是活着的死人。

人死不能留在别人心中，他的死就比鸿毛还轻。

## 青　春

青春是有限的，谁抛撒青春，谁就悔恨终生。

青年怀壮志，报国正当时。青年人年富力强，有激情、有干劲、有知识、有能力。不踊跃投身于火热的社会之中，只会虚掷青春年华，这是最大的浪费。

谁有青春的心态，谁就充满活力。

浪费青春是人生的最大悲哀。

青春只有一次，谁能把握住，谁就有作为。

青春是宝贵、短暂的，而理想则能使青春的活力更持久、更绚烂，使人生的价值更有意义。

开朗的人青春永驻。

青春是人的一生中最具活力、最耀眼的时期。

拥有青春就拥有阳光和力量。

青春，人生最美好的时光。她姗姗而来、匆匆离去，既让人难舍，又无法挽留。

青春是成就事业的黄金阶段，浪费青春就等于浪费一生。

抓住了青春的时光，就抓住了事业成功的最佳期。

青春不虚度，收获全是金。

心里装着春天，永远活力再现。

青春是干事业的黄金期，也是奠定人走向成功的基础期。

青春是灿烂的，为灿烂的青春付出，才是无上光荣的。

勤在今朝莫等闲，负了青春后悔晚。

青春不常留，失去难追回。

利用好短暂的青春，是一生中的最大财富。

趁年轻多干一阵子，误青春后悔一辈子。

青春不可再版。

请君记住：晴朗的心情人不老。

## 困　苦

最想摘到而最不易摘到的桂冠，往往是经过最痛苦、最艰难的磨炼之后赢得的。

无痛苦也就无生活。尽管痛苦是扼杀人之灵性的恶魔，但它同时也是激励人去创造业绩的帮手。

痛苦是希望的前兆。

未经历痛苦的人，必然对幸福缺乏深刻的感受。

谁屈服于困难，谁就干不成大事。

只有经过痛苦的折磨，才能感到幸福的快乐。

困难不是生活的全部，不顺只是人生的插曲。

酸甜苦辣都要吃，坎坷磨难锤炼人。

面对困难切不可逃避，要敢于和它打交道，并以一种顽强的精神与其斗争，直至胜利。

走钢丝难不难？对常人来说，可望而不可即。愚以为，只要心细胆大、坚持苦练，并注意掌握平衡，钢丝是不难走过去的。同样，干任何事情，只要不怕困难、敢于吃苦，并注意方式方法，就一定能够把事情办得既圆满又漂亮。

艰苦的环境是磨砺人的意志和品质的最好学校。

人遭受困难和挫折并不可怕，可怕的是因此而削减锐气、失去抱负。

挫折和苦难是信念、意志和能力的试金石。

苦难是一所学校，也是一种财富。

艰难困苦是取得成功的必经之路。

经历严寒的人，最能体会到阳光的温暖；受过苦难的人，最能感受到幸福的甘甜。

人生磨难多，苦后才有甜。

要完成一项艰巨任务，一开始就得做好克服困难的准备。

所有成功者都是从最艰苦的地方做起的。

经雪霜才知腊梅香，遭磨难方显志刚强。

困难也是财富，就看你如何对待：战胜它——富足；惧怕它——受苦。

人要树立一种吃苦耐劳、乐观向上、笑对人生、直面苦难的人生态度。只有这样，才能不被挫折和苦难征服。

不在危难中奋争，就在危难中灭亡。

见到困难就摇头，永远不能争上游。

凡与困苦交过手的人，都知道甘甜来之不易。

只有做好吃苦的准备，才有望得到真正的幸福。

一个未曾经历困苦的人，必然对希望缺乏深刻的了解；一个不能感知困苦的人，同样对未来缺乏自主追求。

做自己愿做的事，即使遇苦不言苦。

面对困难，牢骚埋怨无济于事，悲观等待更不足取。唯一的办法就是：不等不靠、战胜困难。

人生如爬山，苦累便是通向峰巅的石阶。

越苦越能磨炼人，从痛苦中走出来的人最坚强。

吃过苦的人，总比没吃过苦的人更能经得起苦难的折磨。

能铸造人坚强意志的不是别的，正是困难。所以，困难永远是坚强之母。

从某种意义上说，痛苦也是一种动力。没有痛苦，便没有成功。

苦难是一所没人愿意报考的学校，但在这所学校毕业的人，往往都是生活的强者。

把困难当奴隶，让它乖乖屈服你。

困难能压垮人，也能成就人。

困难是前进的阻力，但往往又是它的起点和动力。

在苦难中成长起来的人，最懂得生活的艰辛，也最能品出人生的甘甜。

凡生存在艰苦环境下的人，其抗挫折、抗灾难的能力就强，反之就弱。

困苦是获得幸福所支付的成本。

谁不愿尝试痛苦，谁就不可能拥有幸福。

面对困难何所惧，把握成功靠自己。

和你一起赴过宴的人，时间一长，你可能记不住，但和你一起受过磨难的人，你一辈子都不会忘掉。

谁要想得到幸福，谁就要敢于吃尽它前面的苦头。

只有亲历过痛苦之人，才能懂得他人之痛苦。

从某种意义上讲，曲折就是财富，困苦预示幸福。

一个人只要精神不垮，再多的艰辛、再重的灾难也不能把他压垮。

体味痛苦，才能珍惜幸福。

磨难是成功者的家常便饭。

少小苦点老来甜，自古良训是真言。

## 逆　境

事业越艰辛，越能彰显人对困境所持有的态度。

要知道，干什么事情都不可能一帆风顺，有波折才激人奋进。

攻坚不畏难，成功一大半。

人生磨难时常有，独辟蹊径写风流。

对松树来说，冬天更能显示出它的傲霜品格。

跌倒爬起、再跌倒再爬起，才是强者。

逆境是弱者的深渊、强者的坦途。

风雨过后总放晴。

只有经过逆境的磨难，才能体会出顺境的宝贵。

你可知道，身处顺境某些潜能可能永远处于一种休眠状态，而身处逆境，或许更能勃发出生机与活力。

激流遇阻，爆发力更强。

对未经风雨、未见世面的青少年来说，平时多给他们一些"挫折和磨难"的教育，十分必要。

人生总有潮起潮落，有顺境也有逆境，关键看你如何适应。

在最困难的情况下，能做出最出色的成绩，那才叫奇迹。

自拔于逆境，勿恋于顺境，在困苦中奋争。

人有豁达自怡的胸襟，才能遇逆境而不颓废。

战胜不了逆境就只能死于逆境。

人的一生，不顺心的时候很多，这是现实，不能回避。关键问题是如何选择正确的态度对待它。事实上，在不顺心的时候才能更加彰显一个人的意志、信念、才智和品格。

人生往往会遭遇不可抗拒的灾难，当我们确实无法改变的时候，只有坦然面对。

跌倒站起，也是一种精神。

身处逆境的人，只要不丧失信心，就一定能打开通向光明之门。

能从困境中走出来的人，不能说不是强者。

凡在逆境中站立起来的人，无一不具有顽强拼搏的精神和坚忍不拔的毅力。

岂不知，惊人的业绩往往是从逆境中做出来的。

遭逆境并不都是坏事，相反，在某种程度上它能造就我们的成就和高度。

顺境易颓废，逆境见精神。

人可有一时失落，但不可就此绝望。

## 勇 气

一个人不敢、不想、不会，束缚了思维，捆住了手脚，什么事也做不成。

要知道，用"不幸"换来"大幸"，需要的是坚韧、顽强和勇敢。

遇挫心不灰，才是强者。

把困难看得过重，事情就无法办成。

强者面前无困难。

在困难的重压下，唯有不向困难屈服的信心和勇气，才能战胜困难，取得胜利。

一个人能够把自己的缺点毫无保留地公之于众，这需要勇气。

当追求的某种希望破灭之后，要鼓起勇气，大胆地去追求另一个希望。

凡超越自卑的人，都是勇敢的人。

一个人到了极度危险的时候能不惧，才是真正的勇者。

好灵芝长在山间悬崖峭壁处，没有勇气只能望而却步。

战胜心悸，克服自卑，获得成功，最有效的办法就是勇敢地去做自己害怕的事。

不难看到，有的人做事不大能成功，往往并不是因为他的能力不行，而是因为他面对艰难的事情缺乏做下去的勇气。

成功之路并不平坦，在挫折中奋起，在磨难中傲立，只要心不死，志不灰，你就是一个顶天立地的铮铮硬汉。

勇敢，事情再难能变易；怯懦，事情再易仍是难。

人生有诸多劫难，有劫难并不可怕，只要信心满，加上勇气足，再多的劫难也不在话下。

一个人如果没有敢于碰硬的精神，没有一身正气和坚定的信念，就难以做到迎难而上，也不会在事业上有什么大的作为。

面对艰险，不要后退，要鼓足勇气闯过去。其实，要的就是那么点勇气。

越是遇到困难的时候，越要燃烧起解决困难的勇气。

只有不被困难征服的人，才有希望成功。

只要勇气有，困难自溜走。

非常的险境可以考验一个人的非常胆识。

再好的山路都是崎岖不平的，只有勇敢地向前走，才能到达你所向往的绝妙佳境。

没有向上的勇气，就没有竞争的意识。

勇者无惧，弱者胆怯。

纠正领导的错误，没有勇气难能做到，这种勇气来源于无私无畏。

有勇气放弃自己无法实现的梦想是理智的。相反，则是愚笨的。

如果一个人不懂失败是什么，那他就永远不知道怎样才能取得成功；如果一个人不能接受失败，那他就永远不能成功。要成功，首先要有接受失败的勇气。

人在逆境中才能彰显其勇气的可贵。

真正的强者就是这样：永不言败，摔倒了勇敢地爬起来。

危险像鸿沟，勇者跃过去，懦者葬于沟。

当一个人面对困难一筹莫展的时候，如果能勇敢地向前迈一步，也许困难就会迎刃而解。但这一步的迈出往往是艰难的，它需要克服许多心理上的障碍，需

要充分的勇气和自信。不然，是难以做到的。

成功者的最大优点，就是面对困难不屈服。

自己错怪了别人，但能主动向人道歉，这既是一种精神，也需要一种勇气。

从精神上打垮一个人要比从肉体上打垮一个人更可怕。

要想望远，就要攀高。

自身有缺点并不可怕，怕的是缺少改掉缺点的决心和勇气。

人没勇气，困难就会向你袭来。

见义而不敢为者，乃懦夫。

有志能登天，无志难翻山。

# 三　信念·意志·希望

## 信　念

一个人只要信念不息、希望尚存，生命的泉水就会汩汩流淌，人生的绿洲就会生机盎然。

信念是一种无穷的力量。有了它，就没有闯不过的刀山剑海。

说到底，信念就是支撑精神的力量。

强烈的愿望集聚时就形成信念。

一个人对某项事业能够忠贞不贰地追求不止，其背后肯定有崇高的信念作支撑。

信念是探索真理的靠山。

信念是铸就成功的先导，没有信念，成功就没有依靠。

信仰，乃人精神上的一种支柱，也是一个人心目中的某种寄托。只要矢志不移，你就能有足够的能力去实现自己的信仰。

苦累算什么，只要信念坚定，再大的困难也不在话下。

信仰不坚定，行动就盲从。

赤诚报国挥毫，仗义执言斥丑。

一个人要自觉做到胜不骄、败不馁，宠辱不惊、贫富不移，处顺境不张狂，陷困境不失望，永远保持昂扬向上、永不服输的精神状态。

抱定决死的信念，再大的力量也无法使其改变。

精神上的潦倒，远比生活上的贫困更可怕。

人没志向，就没方向；方向不明，志向不成。

如果你能拿出心中的热情与活力，抱着坚持到最后一刻的信念，成功就一定属于你。

对某项事业的追求，只要不怕困难和失败，并相信自己一定能成功，那么你的信念就会有助于创造并实现这个事实。

影响一个人的成功，绝不仅仅是环境或遭遇，更重要的是能否持有一颗坚强的心和一种至死不屈的顽强精神。

人有信仰，才有追求的动力和约束。而信仰缺失，则会迷失方向，甚至会陷进沼泽而不能自拔。

小草为了追求太阳的光辉，百折不挠，一心向上，所以才有了穿岩钻壁之奇迹；而人如果拥有这种执著的信念和顽强的毅力，就一定能够获得在某项事业上的辉煌成就。

人不能失去信念，不能因为困难和曲折就放弃自己的美好追求。

信念是成功之根。要想成功，必须把根扎牢，脚踏实地，才能走向成功。

信念，战胜困难的力量。

信念是生命的脊梁。人没有信念，生命就会失去了支撑的根基。

## 意 志

人的意志有时能稽延死神的脚步。这种意志，常常是出于一种本能，出于心灵深处的渴望。这种本能和渴望如此强烈，以致让死神也望而却步。

意志是理想的阶梯，理想靠意志成就。

坚强的意志，是一个人最具魅力的人格特征。

坚强的意志，什么力量也无法战胜。

有志者从不后退，总是在实践中鼓励自己、鞭策自己，直至成功。

成大事者，必有刚毅之志作支撑。

体衰未必意志不坚，身壮不一定意志就强。

意志能为攀登高峰的人壮行、鼓劲。

意志不坚的人，最容易被击垮。

志不坚者事不成。

要知道，人在艰苦环境中锻炼出来的意志和毅力，将是其一生受用不尽的巨大财富。

一个人只要精神不垮，什么困难都别想把他吓倒。

你可知道，条件越艰苦、环境越恶劣，越能磨炼人的意志，铸就战胜困难的勇气。

没有梦想的人生是颓废的，有了梦想还得矢志不移，因为梦想决定态度，态度决定成功。

意志可征服一切。

艰苦的环境，最能考验一个人的意志力。

岂不知，道德的坚持离不开坚强的意志做后盾。

一个人如果能在平凡的生活中坚持锻造自己的意志和品格，最终把自己打磨成一块闪亮的金子，那么，无论什么人也都无法遮住你耀眼夺目的光辉。

## 信　心

一个人只要脊梁不弯，就没有扛不动的东西；只要精神不垮，就没有战胜不了的困难。

当你遇到困难和挫折的时候，要充满信心，要想到前途和光明，学会自我激励和安慰。只有这样，才能在困难和挫折面前不屈服。

看似不能成功的事情，只要有信心，加上不懈努力，十有八九就能做成。

失落不失志，受挫再奋起。

人人都能下决心做大事，但只有少数人能够始终如一地去践行自己的决心，而也只有这少数人是最后的成功者。

缺乏信心的人，做什么事情都不可能成功。

信心和奋斗必须联系在一起，二者若分开，啥事做不成。

信心是做事的第一需要。

干什么事都要有信心。人没有信心，就失去了做事的根本。

有抱负、无信心，实现不成；有信心、不作为，抱负落空。

有些人总是有点缺乏信心，在事情还未干之前，总担心自己不行，如果老是这样，那你就什么事情也不要去做。

谁失去信心，谁就失去一切。

最大的决心加最大的努力，就能取得最满意的效果。

对未来乐观的人，才有信心干好眼前的事情。

信心与实干必须结伴而行，谁单独行动都无法成行。

无论愿望多美好，不行动都是空谈。

人人都想获得成功，但只有对自己充满信心的人，才有望到达成功的彼岸。

抱定信心干到底，成功一定属于你。

没有破釜沉舟的决心，就不会有事业上的大成就。

凡自暴自弃的人，都是没有出息、丧失信心、缺乏上进心的人。

信心，乃做事成功的支撑。

## 希 望

人没希望，也就没有生活情趣。

希望看似一种触摸不到的东西，但只要心中有了她，人就能战胜各种艰难险阻，到达人们想去而没有到过的绝妙佳境。

一个人只要拥有希望，加上百倍的信心和持之以恒的努力，他就能达到他想要达到的目的。

人的一生会有许许多多希望，究竟到底有多少个希望，可能没人做过详细的统计。其实，人的希望只有两个：一个实现了，一个破灭了。

希望的事比完成的事往往更具吸引力。

看不到明天的前景，就抓不住今天的机遇。

谁能把希望播撒人间，谁就能受到人们的尊敬。

争取得到比期望得到更重要。

当人遭受打击的时候，要看到未来和希望，绝不能因此消沉而悲观失望。

一个人无论在什么情况下都不能没有希望，如果没有希望，困难、挫折、压力和打击就无法面对和克服。

人人都有希望，只是希望的目的各有不同罢了。

谁怀揣希望，谁就敢迎难而上。

人人都生活在希望和追求之中，没有希望和追求，人就失去了生活的乐趣。

任何时候都不能没有希望，希望永远支撑人们拼搏向上。

只有对前途充满希望和乐观的人，才能有信心战胜黑暗、走向光明。

谁期望值越高，谁就摔得越重。

光明总是在黑暗过去之后才出现。

希望与行动结合，才能达到目的。

希望是催人奋进的动力，也是生命存在最美好的激励。

生命的本身就是由一个个希望组成的。没有希望，生命也就失去了光彩。

燃起希望之火，照亮前进之路。

人在危险的时刻，只要有一线希望，自救就不会放弃。

希望产生力量。

有时，寄希望于他人的事，结果得到的却往往是一种后悔或失望。

# 坚　持

做人要像金字塔，岿然屹立撼不动。

一项事业、一件工作，干到最艰难的时候，往往使人觉得"路漫漫其修远兮"，但只要"咬定青山不放松"，必将迎来"柳暗花明又一村"。

干什么工作都一样，劲可鼓不可懈。不干则已，一干到底，切勿半途而废，不了了之。

做一件善事并不难，难的是一辈子做善事。

开弓没有回头箭，干什么事情都一样。要干，就一竿子插到底，干就干出个名堂来。

坚持到底，就是胜利；只要坚持，就有收益。

认准的路，坚定地走下去，必将成就一番事业。

凡事说起来容易做起来难，但只要坚持，就有望成功。

干什么事情都一样，只要坚持到底，就没有白费的工夫。

做事最忌不长远，成事贵在能坚持。

坚持，不可懈怠，成功往往就差一步。

做事硬坚持、不松劲，就能取得成绩。

凡事你认为是正确的，你就要按自己的想法做下去，绝不中途放弃。

做事能坚持到底，非有毅力不可。没毅力，坚持就很难持久。

要知道，再苦再累的事，只要不放弃，并能坚持下来，就能把它做好。

坚持一下或许成就在手，轻易放弃往往抱恨一生。

有的时候，有些事不能硬坚持，该放弃的一定要放弃。不然是要吃亏的，甚至吃大亏。

一个人不论处于什么困境、遭遇多大的挫折和打击，只要你能紧咬牙关挺过去，那么，成功一定属于你。

成功属于有决心、有能力，并能坚持到底的人。

## 恒 心

滴水能穿石，靠的是持之以恒，并且目标专一。做学问概莫能外。

你想探索未知，就要打破沙锅璺（问）到底。

一件看似难成之事，只要持之以恒、用心苦钻，难事也能变成易事。

人的恒心和耐力是了不起的，一旦专注于某一事业，常常能够达到令常人甚至自己都难以想到的惊人成就。

人对某项事业的追求，达不到如痴如醉的地步，难出成果。

执著是做事的根本，创新是前进的动力。

没有恒心和毅力，事业的成功就很难向你靠拢。

恒心是做事成功的前提。没有恒心，什么事情都做得不彻底，甚至前功尽弃。

不畏艰难，直面挑战，坚持不懈，持之以恒，定能取得事业上的成功。

其实，恒心是一种毅力、一种精神，它可征服世界上任何东西。

事无兴趣难坚持，人无恒心事难成。

## 耐　心

谁的忍耐性越强，谁取胜的把握性就越大。

人来到世上，不可能什么事情都一帆风顺。能不能在困难面前不低头，在挫折面前不丧气，勇于面对，攻克难关，甚至愈挫愈勇，在很大程度上就取决于我们有没有这种忍耐的素质。

世界上没有打不破的坚冰，关键看你有没有耐力、恒心和攻坚的技巧。

工作半途而废的原因之一，就是缺乏耐心。

忍耐是一种修养，也是一种力量，更是为人处世的一个法宝。

遇难办之事，必须从耐心开始。

一个人之所以能够忍耐，主要是因为他对未来充满了希望。

耐心是成就事业的基石。

有时，沉默是一种变相的忍耐。它既可以不战而胜，又可以防止殃祸缠身。

人没耐心事难成，坚持到底才能赢。

忍耐做事稳，遇事不忍则乱方寸。

从某种意义上说，谁有耐心谁就能取胜。

听别人讲话也能看出一个人的脾气和品性，它既需要耐性，又需要气量。不然，是听不进、坐不住的。

凡成大事者，不仅要有成事的本领，更要有成事的决心和毅力。

承受也是一种精神。学会了

49

承受，也就学会了使自己的心灵能够经受住苦难的折磨，勇敢地去跨越所有的鸿沟，实现自己的幻后之实、苦中之乐。

从某种意义上讲，能忍就有力量，且有朋友。

人没雅量难忍耐。

有时，等待是苦的。但等待的结果是甜的。

## 韧　劲

笑对坎坷韧如水。面对困难、面对坎坷，既需要有胸襟，更需要有坚定和坚韧。

经历过磨难的人，不会轻易放弃自己认为该做的事。

事情往往就是这样：目标越接近，困难就越大。只有锲而不舍的人，才能沿着既定的目标，完成自己要走的路程。

事实上，人若一生无建树，不是自己的智力低下，也不是自己没有选准目标，而是自己缺乏坚持到底的韧劲所致。

人生多坎坷，攻坚不畏难，愚公今犹在，苦战能过关。

奇迹，超出常人毅力的结果。

你朝着锁定的目标奋进，绝不会空手而归。

没有巨大的毅力，恶习很难改掉。

把不可能变为可能，需要的是勇敢加毅力。

坚忍不拔的忍耐精神，是一个人个性意志的表现，也是一个人为人处事谋略的运用。

如果一个人有了坚定的人生方向，他就可以提高对挫折的忍受能力。

强者不认输，弱者自低头。

一个人不论在什么岗位、从事什么工作，不论这个岗位和工作自己喜欢不喜欢，只要你做了，就要积极地面对它、尽快地适应它、认认真真地做好它。

要知道，不服输既是一种精神，也是一种毅力。

一个人成功与否，往往与他的韧劲有很大关系。

## 自 信

攻坚靠自信，成功在自己。

落榜不落志，服气不服输。

我不能预知将来，但我一定要把握现在；我不能把事情一下子干完，但我干一件事就要成一件事。

想到的事不一定办到，能办的事必须办好。

一个人有了自信，看似难以完成的事情却能完成。

自信是成功的一半。

你自信，别人就很难战胜你，而给你胜利的不是别人，正是你的理想、信念和毅力。

自信就有力量。

其实，每个人的最大敌人就是自己，如果你能战胜自己，走出失败的困惑，你就能够获得自由、走向成功。

自信加践行，做事才能成。

谁没自信，谁就断了成功的后路。

自信是成功者的本性。

一个人不能战胜自我的原因，就是缺乏自信心。

有时，过于自信不好，但没有自信更不行。

真正的美丽不用艳妆，因为她拥有的是自信。

自信是成功的决定因素。没有自信，就不会成功。

成功的法则很简单，那就是自信加执著。

内心的自信是成功的动力。

自信力无比，它能帮你战胜自卑和恐惧。

凡事每个人都有自己的看法，实在没必要因为他人的说教而改变自己的观点。

生理上的残疾固然是人生的一大不幸，但如果你能保持心理上的健康和充满自信的力量，那么，你就会像健全人一样，生活过得既幸福又快乐。

没有自信，也就没有选择。

自信，来自自己的实力。

谁不信任自己，谁就背叛了自己。

记住：永远不要说自己不行。

信念，无坚不摧的力量。

凡有依赖心理的人，大都不敢相信自己，就连自己的命运也都掌控在别人手里。

只要自己不看轻自己，别人就拿你没"辙"。

把话说绝的人，往往懊悔多于肯定。

# 四 真理·哲理·智慧

## 真 理

真理往往经过千锤百炼而得来。

理论上的贫乏，必然导致思想上的落伍、政治上的动摇。

真理有时被谬误掩盖，但它绝不会消失，最终必将战胜谬误。

平凡之中见伟大，细微之处显精神。

真理好比人的骨架，人没骨架就无法行走。

真理是无情的，不管你接受不接受，它都客观存在。

树不修不成材，子不教不成器。

培养一个思想健康的孩子比培养一个身体强壮的孩子更难。

秩序来自对规则的奉行。公共秩序的好坏，取决于规则本身的健全程度和公众对规则的认同程度及遵守程度。

民气强而国之盛，民气弱而国之衰。

世上没有永远静止的东西，也没有永远不变的事物。

要知道，真理不是一次完成的，实践也总是向前发展的，一劳永逸或一成不变的东西是没有的。

谬误因离开真理而产生，推翻谬误只有靠探索真理来完成。

真理绝不是悟出来的，而是通过实践证明得来的。

要懂得，进与退是辩证统一的。今天的退，就是为了明天的进；修正好自己，再大踏步前进。

善用人才无废才。

有理无须纷争，服人贵在讲理。

知错不贰过，明白就好。

真理无需雕饰，它是朴素、无华的。

真理，事物追求的归宿。

伴随真理的奋斗，是无敌、无畏的。

不坚持真理，就不能实事求是。

追求真理与捍卫真理同样重要。

面对真理不敢坚持，实际上就是对谬误的默认和放纵。

不承认事实，就难承认真理。

真理是大家的，并靠大家来捍卫。

正义的胜利，就是真理的胜利。

## 哲　理

想是做的先导，做是想的结果。

胜己者，胜天下；为己者，

失天下。

人人都想做大事、成大业，

这是好事，但世上的事从来都是有与无相生、大与小相成、高与下相倾、前与后相随，唯有谨小，才能致大。

金子从沙子里淘出来，就有了金子的价值；金子混在沙子里，只有沙子的价值。

凡有活力的事物都会构成它自己的氛围。

从某种意义上说，精神上的贫穷远比物质上的匮乏更可怕。

短处要补，长处也要补。长处和短处都是相对的，不是绝对的；都是变化的，不是静止的；都是有条件的，不是无条件的。补长的目的就在于努力使自己的长处保持更长，从而在瞬息万变的时代中永立潮头。

记住，成功之路总是充满艰辛，有时难似登天；而覆坠之路总是那么容易，有时甚至是易如燎毛。

只因有了黑夜，萤火虫才会闪亮。

宁学敌人的优点，不取朋友的缺点。

不要因为食欲不佳，就责怪饭菜不香。

真实就是力量。

利益面前、得失面前，需要有一番比较和思量，放弃本该得到的福利和优待，往往需要觉悟和决心。

没有历史的民族是无根之族，纵有历史却不尊重历史的民族是无望之族。

风物长宜放眼量，思路一变天地宽。

居安思危，思则有备，有备无患，无患才能居安。

虽然万物在上面、地在下面，但地仍然是托起万物的主宰。

最巧舌的鹦鹉也不抵笨人会说话。

离去是正常的。一切过去的

都是要让位于现在的。

微乎其微的火星不可小视：星星之火，可以燎原。

俗话说，受伤的野兽，时刻警惕周围的环境。

实现中华民族的伟大复兴，不仅在于富国富民，而且在于明天下普遍之理于普天之下。

当一个单位没有杂音时，说明这个单位已缺乏生机与活力。

任何事物都是辩证的。想得到的不一定得到，不想得到的反而得到了。这就是得失两面论。

要想使别人能接受自己的意见和观点，最简单的办法就是先体验一下自己和公众的感受。倘若感受吻合，那你的意见和观点就会被别人所接受。

能做好简单的事就是不简单，能做好平凡的事就是不平凡。

不同的人做同一件事情，不会完全一样。

平凡事做到极致，就是不平凡。

精神空虚比吃不饱更难受。

让对手说对手好，那的确是对方感动了对方。

有实力，说话才有分量。

其实，人的张力都是在最关键的时候被逼出来的，就像一台榨油机，看似平常的一把芝麻，只要加进去并给一定压力，那就会流出香喷喷的油来。

凡事都一样，想到的不一定得到，得到的必须想到。

再大的水泡也禁不住雨打，再小的火星也能把干柴燃着。

力胜一时，理胜一世。

事实上，事物都是一分为二的。站在不同的角度看问题，得出的结论就会完全不一样。

不让老实人吃亏，就让不老实人吃亏。

受过管束的人，才知道自由的珍贵。

在某种情况下，笔比剑更具杀伤力。

有时，选择比努力更重要。

人无所舍，必无所得。

世上什么难题都能破解，差别只是没有找到破解的方法而已。

胜心者人服，胜力者俘人。

自强是自立的前提，不自强就无以自立；自立是奉献的基础，不自立就没有奉献的资本。

别离是常有的。没有别离，相聚的时光就没那么珍贵了。

从某种意义上说，有什么样的做事态度，就有什么样的成就高度。

不是有云的天气就下雨，但下雨的天气必有云。

事虽小，不为不成；能虽大，不用不能。

人不可避免不犯错误，也不可不改正错误；人总是在不断地犯错误，也在不断地改正错误。

人的生存离不开环境，人能创造环境，同样环境也能创造人。

太静的地方并非平静。

人有压力不轻松，而无压力更可怕。

要知道，每个人都活在人的评价中，没人评价的人是没有的。

其实，有些东西就不能太显露，似露非露才诱人。

立志是成才的根基；不立志，就难成才。

胜败以结果为断，绝非开头和中间。

有些事，结果不重要，缘由、动机才重要。

松经严冬更苍劲，人经挫折

更成熟。

拒绝是从他人给予开始的。没有给予，也就没有拒绝。

再好听的歌不唱也忘，再宽的路不走也荒。

再粗的绳拴不住流水，再大的隔扇也无法挡住走动的时间。

兔子再大也怕鹰，病菌再小

也害人。

先苦后甜好过，先甜后苦难熬。

你能叫一个人不做什么，但难能叫一个人不想什么。

和谐，不等于和事；欣赏，不等于占有。

## 智　慧

智慧强于力量，经验胜过理论。

智慧的高低不在于年岁而在于悟性。

智慧大于一切，一克智慧胜过万吨黄金。

计谋计谋，有计才有谋，所以计比谋更重要。

有所获有所不获，才是明智

之人。

能比别人早想一步，聪明的做法就在这里。

人贵有自知之明。要真正了解自己、认识自己，不但要有勇气，而且要有智慧。

一个人的聪明之处就在于，常思己过，不议人非。

创造开启智力，智力创造

新奇。

大事不糊涂，小事装糊涂，糊涂别被糊涂误，适时糊涂最聪明。

智慧不分国界、不分古今，何时何地都相通。

拥有了智慧，就拥有了战胜一切的力量。

谈话的高手，贵在把握分寸、引导话题。

出奇的才智，若没有施展的机会，便一文不值。

计谋是智慧的结晶。

人倒霉也不全是害处，起码能从中长出智来。

集众人之智，犹如得一部百科全书。

智慧是制胜的法宝。

智慧比金钱宝贵，因为它不会丢失，也不会被别人抢走。

一个人有无能力和智慧，关键取决于他做事的方法和技巧。

凡事只要先人一手、先人一着，就能取胜。

智慧能改变人的命运。

再难的解题，一经智慧就打开。

聪明是一种财富，用不好也坏事。

智慧无论藏在哪里都发光。

机灵是智慧的派生。

临危时刻见巧智。

能认识自己不如他人，并能自觉以行动向他人看齐，这人最聪明。

年龄增，智慧增。

要知道，智慧能将危险化无险。

天赋不用也无用。

## 理　智

因某件事情发生争执，最好的办法就是保持冷静，虽然它不一定能够把问题解决，但起码不会激化矛盾。

一个人不管做什么事，都不能走极端，自己堵自己的退路。

越是理智的人，越能将矛盾化小。

人的一生都得意那是不可能的，见好就收才是最大的赢家。

源自于实践感悟而后上升为理性思考，这不仅是辩证唯物主义认识论所揭示的规律，而且对于每一个为官者来说都是应有的理性精神。

有所为有所不为，才真有所为。

平静的心态是理智的提升。

小心驶得万年船，一朝不慎坠入海。

借鉴他人的经验，才能少走弯路。

人不可能不犯错误，犯错误不要紧，关键看你如何面对它。

知耻近乎勇，不知耻者为大耻。

任何时候都不能失去理智，理智永远陪伴你清醒。

犯错不要紧，但不可犯同样的错，如果重复犯错，那就错莫大焉。

越是困难的时候越要坚强，越是顺利的时候越要谨慎。

理智的人从不鲁莽做事。

你要是个聪明的人，你就应该知道什么事能做，什么事不能做，切不要去啃自己啃不动的东西。事实上，诱饵的背后往往是陷阱。

做好事受表彰，做坏事受惩

罚，这是应该的。但从另一个层面上讲，对一个人的奖励和惩罚，最好的办法就是给他一面镜子，让他经常照照自己，以了解哪些该做，哪些不该做。

要知道，人贵有自知之明，"知人者智，自知者明"，明比智更难。

只要你懂得"人适应社会而不是社会适应人"这个道理，你便聪明了起来。

知足常乐。要知道，多并不一定快乐，太多却有可能招来灾祸。

退让是一种手段，并非都是懦弱的表现。处事高明的人最懂得在关键的时候退一步。这样，就能很好地给自己的下一步留下突破的空间。

退却并不是软弱的代名词，

而是进攻的一种准备、一种需要和一种智慧。

事实上，一个人的成功不仅需要信心、勇气和激情，更需要清醒的头脑和理智的作为。

人脑越用越灵，不用则钝。

与胜己者交，能帮自己长才智。

从"吃一堑、长一智"来说，做错也比没做强。

其实，能被对方的正确意见所说服，并不说明你愚蠢，恰恰证明你明智。

人犯糊涂难听劝，一旦清醒后悔晚。

## 实　践

路是走出来的，不走永远没有路。

欲知水塘有无鱼，捕捞过后才知晓。

要了解某件事情是否真实，最好的办法就是到实地转上一圈、看上一看，绝不能光听别人怎么说。

写出豪言壮语不难，难的是如何做到。

人之所以为万物之灵，关键就在于人能够思维，能够进行创造性的思维和实践。

一个人要追求某种东西，必须与客观实际相吻合。脱离实际、想入非非，那是绝对办不到的。

才智需要到实践中检验，并在实践中发挥作用。

天赋只有在实践中才能升华。

工作要干不要等，与其来年抱金砖，不如立马铸铜块。

实践是真知的源泉，真知靠实践铸就。没有实践，就没有真知。只有坚持从实践中来，才能获得无可辩驳的真知灼见。

人的一生不免有受冤枉的时候，受了冤枉总想去辩解，这是人之常理。但与其耗费时间和精力作无谓的辩解，倒不如以事实和实力来证明自己的清白。

要想熟能生巧，多学多练是诀窍。

不入海底，难得蛟龙。

经历就是财富，实干才能成功。

劳动能认识一切、改变一切、创造一切。

劳动使人更美丽。

话不能不说，但行动比说更重要。

生活从不主动向你诉说什么，只有践行之后方可悟出其中真味。

任何人不经过实践的锻炼，都不能丰富和成熟起来。

人只有经过千百次的打击磨炼之后，才变得更加坚强成熟。

要知道，计划再好，不行动都是空的。因此，凡成大事者无一不把伟大的计划落实到具体的行动之中去。

心动不如行动，想得好不如干得好。

热爱生活就要体验生活。

果子不熟不香甜，人不成熟不老练。

对为文者来说，不深入生活、不亲身体验，是很难写出打动人的作品的。

只有过河趟水才知水深浅。

不肯起早的人，不会看到东方红霞映山河的壮美。

任何理论不实践都是虚谈。

用理论指导实践，用实践检验理论。

每一个人的生命里都潜藏着许多连自己也不知道的能量，如果不去尝试，这些能量永远得不到发挥。世上许多美好的东西，往往都是因最初一次不经意的尝试而获得的。

亲身实践得出的经验最宝贵。

人若一辈子远离水面，那自然就没有溺水的危险，但只有经过呛水的人，才能真正领略另类生活的风采和快乐。

有设想而不践行，犹如好梦醒来一场空。

人经磨炼才老练。

## 愚 蠢

做事要有眼色，没有眼色，就会使人对你有一种愚钝和不灵活的感觉。长此以往，你的智商就值得别人怀疑了。

一个人自认为聪明，其实聪明反被聪明误，这种人最笨拙。

越是狐假虎威，越显得一个人无知可笑。

为人不可耍聪明，聪明反被聪明误。

身在宝山不识宝，面对人才觅人才，这是最愚蠢的人所为。

腐朽导致愚昧，愚昧加剧腐朽。

无知而意识不到自己的无知是可悲的。

揪住人家过去的错误不放，是很不明智的行为。

思而后行是避免人做傻事的最好方法。

愚者不听智者的话，这是正常的。否则，就不正常了。

岂不知，生活中的许多障碍，往往是由于自己的过分固执和愚昧无知而造成的。

愚昧来自无知，无知是滋生愚昧的温室。

人不可宠，宠而放纵必学坏。

聪明的敌人为愚昧。

做人不要太精明，精明过度便为蠢。

谁一错再错，谁就愚蠢至极。

人不知趣最愚笨。

人最大的愚笨就在于只想拥有而不肯丢弃。实际上，丢弃有时是为了更好地拥有。

谁拿别人当傻瓜，自己才是真傻瓜。

总以为别人不如你，其实，愚笨的不在别人而在你。

愚者不知错，越犯错越多。

## 相 对

其实，今天的放弃是为了明天更好地得到。那种什么都不愿

放弃的人，最终往往是失去最多、得到最少的人。

拥有了不在乎，失去了又惋惜。

世上没有永远的敌人，也没有永远的朋友。

干任何一件事情，要想让别人认可，首先得让自己满意。

权力是把双刃剑，既能使人高尚，也能让人毁灭。

经验最珍贵，教训也是宝。

人才是动态的，不是静止的。有的人在此时此地此方面是人才，在彼时彼地彼方面不一定是人才。所以，因人施用，用当其时。

雪中送炭胜过锦上添花。

得到的已成过去，想要的还在前面。

了解他人不易，认识自己更难。

意外源自疏忽。

营造舒适的公共环境，硬件建设固然当紧，但文明氛围更为重要。

鼓起的水泡禁不住压力。

伟大寓于平凡，平凡小事见精神。

谁做了害臊之事，谁就在人前大方不起来。

酒桌上，杯小为啥容易喝多？其原因就在于忽略了推杯换盏的次数。

谬误再坚持仍是谬误，真理再被贬仍旧是真理。

事实上，有些人的爱好，往往与其所从事的工作毫无瓜葛。

最高明的医术在预防，预防比治疗更重要。

能提出自己的观点比证明别人的看法更管用。

心里装有主张的人，一般不会因别人的说法轻易改变。

民心顺事事顺，民心稳社会稳。

一个事无巨细、不善授权他人之人，工作注定受阻碍。

自己承认自己的缺点——明智，自己被人揭露缺点——拙笨。

一句"先拿走"，胜过十句"等会拿"。

有多人监管你的工作，你在这方面就很少犯错。

## 转　化

人无压力无长进，压力越大，动力越强，长进越快。

有挑战就有压力，有压力就有动力。压力与挑战同在，没有压力也就没有动力。

乐极生悲，苦尽甘来。

有得就有失，有失便有得。

量的积累，终究要形成质的突破，这是规律。

路在脚下，心转路宽。学会转弯是一个人的明智之举，因为挫折是转折的先兆，危机中孕育着转机。

登高望远，景色因角度变化而变化。

一滴水可以折射蓝天，诸多的"特别"方能铸成"普遍"。

无意中伤害了别人，这时你能迅速表示歉意，那么，受伤害者或许就能原谅你。否则，就会与你翻脸吵闹，甚至干仗。

没有追求就不会努力，努力和追求互为激进。

不贴近人心，就很难把他人的思想做通。

要知道，善待自然，才能减

少因人而造成的灾难。

　　现实生活中，随波逐流的人很多，如果对倾向性的苗头不加以制止，那么跟从的人就会多起来。

　　谁能自觉、迅速地调整自己的心态，谁就能适应不断变化的新形势和新环境。

　　人随社会环境的变化而调整观念，是适应现实社会的一个明智选择。

　　有时人就是这样：当初被你瞧不起的人，后来刮目相看，虽然嘴上不说，但内心赞叹。

　　宁愿少言寡语，也不废话连篇。

# 五　品格·修养·美德

## 品　格

穷而不失志，富而不失节，乃做人之品格。

己不正，焉能正人；品不正，岂能服众。

做人讲人品，做事讲标准。

人的德行最高洁，没有德行就丧失了做人的资格。

一个人一生做到时时事事高尚不容易，但就人的行为品性来说，高尚的价值并不是不可企及的。

德行是后天的，它的好坏全在人为。

人的最高品质，就是把生的希望让给别人，把死的危险留给自己。

重道义、讲气节是中华民族的优秀品格。

钱财如粪土，人品贵似金。

大难见忠贞，危亡看气节。

忠诚是做人的基本品格。

优良的品格是天然的"防腐屏障"。

人以品为上，没人品就难为人。

有权巴结你，无权踩挤你，这样的人最让人痛恨。

小心这种人：领导面前温如羊，百姓面前狠如狼。

诚实做人，埋头做事，更能体现一个人的品德、作风和气派，无论什么时候、什么情况下都要支持这种人。

品质的优良来自内心的纯正，而良好的品行靠的是自我修养。

凡品德高尚、敬业勤奋、大公无私的为官者，都是以民为天，把心思和精力全部用在诚心诚意为民谋利上。

人，最高贵不在于是否聪颖而在于高贵品质。

品格即人品，它决定人生，比才智更重要。

说真话难，但难也说真话而不说假话，这是做人的品格。

一个人应以正大为先，以善意为怀，以谦虚为基，以光明行事，这是做人必须恪守的信条。

优良的品格离不开自身修养。

善事做加法，为己做减法，加减能做对，人品自然高。

不同的品格导致不同的人生。

能同品格高尚的人交往，实属一大幸事。

平实也是一种品格、一种力量。

耍弄别人、拿人开涮，实乃德行太差的表现。

人品不是天生的，而是后天养成的。

不毁人、善待人、肯帮人，乃正直高尚之人。

德薄则志轻，品差意识坏。

品格使人高大。

人品决定为人。人品不好，为人就坏。

到一线挥毫，用事实说话，为文者应时刻谨记。

人品好，才能为人正；知规矩，才能守本分。

谗言毁人深，暗箭最伤人。

在人的各种品行中，德行最重要，其他品行替不了。

品德，乃做人之根。

宁干小事，不做小人。

## 修　养

遇事让三分，并不证明你软弱，恰恰说明你是一个强者。

一个人既不要妄自菲薄，也不要夜郎自大，要清醒准确地认识自己，做一个实实在在的人。

宁可自己受委屈，也不把懊恼带给别人。

能被人尊重，实属个人德行修养的结果。

一生做好三件事：立德、成才和做人。

吃亏人常在。作为对百姓有责任的人来说，就应当吃苦在前，享受在后，有时还要甘心情愿去吃亏。

做人的态度是：当人负你时，你应坦然面对；当你负人时，你应深感内疚。

人的德行不是天赋的，不可能自发形成。只有经过长期、自觉的养蓄和锻造才能铸就。

修养高低，决定人的行为好坏。

修身静心自当为，铸德励志昭后人。

以和谐的方式为人处世，既是一种方法和纽带，也是一种能力和修养。

道德修养是培养社会公德并逐步完善人格的最基本的路径。

一个人长相再好，要是没有知识和教养，只会形成一种反讽。

对于不公之事，宁愿亏自己，也不损别人。

有亏让人吃，不如留给自己吃。吃亏人常在，得理也让人。

人的一生能始终保持平常心，这是不易的。它既是一种美德，也是一种境界。

人性的最大不足就是身为平常而不甘平常，甚至一味追求超常，最后不得不落个悲惨下场。这是我们应当引起注意的。

人吃亏不要抱怨，只要能从中吸取教训，那就大长见识了。

知之非艰、行之惟艰。公德意识的养成不是一蹴而就的，它是一个潜移默化、细雨润物的渐进过程，必须要有长期、艰苦、耐心、细致、反复工作的准备。

修身先立志，无志难修身。

文明的目的就在于提高人的自身修养。

与人胡搅蛮缠，是一个人没有教养的表现。

忍让是一种痛苦和压抑，但是终能给人带来心境的舒展。

看不起比自己地位低的人，是没有修养的表现。

节操当珍，勤勉自励。

人受委屈能存气，那才叫有涵养。

忍让不是屈服，而是一种修养。

怀仁多知己，能忍则自安。

独处常思己过，闲聊莫论人非。

善良、稳重、礼貌最让人尊重。

"拿得起、放得下"，说明一个人既能上又能下。事实上，"拿得起"是一种境界，"放得下"更是一种境界，而且是一种更高的境界。

小人嫁祸于别人，君子揽过于自己。

一个人要想交到好朋友，首先自己要有好的修养；有了好的修养，就等于给自己创造一个开阔的成事空间；有了开阔的成事空间，人生自然就会变得更加光彩夺目。

心中无我高境界，为人吃亏自甘心。

在一定情况下，急流勇退也不失为一种明智的选择。

人一落地并无好坏之分，所谓好坏，都是后天养成的。

自私，是没人缘的根源。

其实，人人都有一种贪图享受的天性，这种天性如不修整，生命的价值就会因此而失去。

人被溺宠必学坏，不宠不惯是好"钢"。

一个人的修行好坏，不在别人在自己。

主动认输既是一种修养，也是一种境界，更需要一种勇气。

讽刺、挖苦、讥笑别人，既是对他人的一种轻蔑，也是个人修养太差的一种表现。

拿年长者取悦，实则是一种无教养的表现。

人受排挤是一件很懊恼的事情，如果你去计较它、跟人去作对，那么，受伤害的或许还是你自己。正确的做法是，不去理会，以自己的出色业绩和宽大为怀的处事态度，来感化那些对你排挤的人。

对损人利己的人来说，虽时得利，但终究害己。

心态决定姿态。心态正，姿态高。

## 美　德

从某种意义上说，自卑也是一种美德，它可使人看到自己的不足，促使自己更努力。

美德是无价之宝，它比金钱、权力、享乐更重要。

尊老、敬老、养老最能反映一个社会的文明程度。

送人玫瑰、手留余香。生活中，人们不要忘记给那些仍处生活困境的人送去温暖和祝福，哪怕仅仅是一点点的物质上的资助和精神上的安慰。

尊老爱幼是中华民族的传统美德，须臾不可忘记。

美德能让人的容貌更完美。

高尚的情操来自优良的品德。

人的美德大都从人的品行上显示出来。

唯有美德，才是至高无上的。

从某种意义上说，内心充满感激的人才能成大事。

照顾别人的人，要甘心奉献；受别人照顾的人，要知恩图报。

懂得感恩，是人类的一种重要情感意识，也是中华民族的传统美德。

对老人的尊敬，也就是将来人对你的尊敬。

你可知道，成功的人常怀感恩之心，常会真诚地赞美别人、感谢别人，而失败的人却很少这样做。

心存感恩，人生就像一枝曾经绽放的花朵，风吹雨打后虽鲜艳不再，但仍可让人体味出它的缕缕幽香。

感恩是一种道德良性互动的"回音壁"。学会感恩，既是对善行的回馈，更是对善意的肯定、褒奖和传递。

一滴水能折射太阳的光芒。同样，一颗爱心也能折射出人类美德的光辉。

美德由行为显现。

人，只有懂得感恩，知道如何感恩，爱的温馨才会长久。

行大孝而不失小节，知羞耻而不丢脸面。

尊敬老人既是祖宗遗训，更是子孙们的义务和责任。

能屈能伸也是一种美德。学会做弱者，才能成为最终的强者。

记住：帮了人的忙，不要讲回报；被人帮过忙，不要忘回报。

你可知道，善待他人，绝对是一个人一生中最具"回报效益"的投资。

踏实做事，虚心做人。

## 道　德

公德的根本应重视他人的存在。

不孝敬父母的人难以尊重他人。

良好的公民道德素质，是构建和谐社会的重要前提和基础。

道德与情操就像宝石镶在金链上，相互衬映，互生光彩。

以诚为本既是道德要求，也是社会规范。

德兴事业兴，德败事业败。

每个人都生活在一定的集体

75

中，坚持集体主义的道德原则，树立公民道德意识，培养遵守公德的良好习惯，是和谐社会对每个个体成员的基本要求。

细节存于过程。细节虽细却能折射出一个人道德品质的优劣。

有能力而缺德，能力越大，对社会的危害就越大。

壮者以力胜人，智者以德服人。

以德润心，富贵不淫。

重视个人内心的道德洗礼，不断检验、修正和丰富自己的行为操守，不仅是每个公民应当具备的"文化自觉"，也是实现其内心净化的途径，更是做人的准则。

生而为人，必须守住自己的操守。因为，操守是一个人安身立命的基石。没有了它，就没有做人的资格。

尴尬莫过于对人背后说他人，而被他人碰到时。

一个人能否在精神上富有，关键取决其道德素质和精神境界的高低。

明荣才能知耻，立德才能立业。

高尚的道德是在人的行为中形成，而不是在人的说教中产生。

生财走正道，做人讲德行。

心不正，损德性；心眼正，受人敬。

龌龊的灵魂必然导致行为的放荡。

良好的道德教育必须从少年儿童抓起。

积小善而能成大德，纵小过而能铸大错。

能给残疾人以生活上的尊严，实为健全人的一种责任和道德。

人不孝而被人轻。

医德重如山，从医没德害人惨。

乐在别人的痛苦中是最不道德的。

请你警觉：小人之所以为小人，是因为小人始终藏在阴暗处、始终采用阴险手段去害人。

昧心的钱不赚，缺德的事不干。

攀高要用你的胆量和双脚，切不要踩着人家的肩膀向上爬。

## 良　心

良心是做人不可缺少的内在品质。

一个人做了昧良心的事，终其老总会感到内疚和不安。

凭公心干事，凭良心做人，胸怀坦荡，问心无愧。

宁愿说真话而受责骂，也不说假话而欺骗良心。

良心比金钱更贵重。

感恩是中华民族的传统美德。没有感恩，也就没有良知。

人，只有知道感恩，才能知道为什么活在这个人世间。

感恩显现良心。学会感恩，正是我们立身做人的起码要求。

谁能不愧对自己的良心，谁就能自觉干善事，不干坏事。

欺骗自己的良心，比让人咒骂还难受。

做人既要有良心，又要负责任，更要关心人。

人，一生一世要守住自己的良心。如果良心出现偏差，你的人品也就垮台了。

真诚与欺骗都会让人得到更多，但欺骗最终定会受到良心的谴责和惩罚。

做人不能太自私，要多为别人想一想，哪些事该做，哪些事不该做，不能昧着良心损他人。

良心是看守坏人的哨兵。

良心是做人之书的开篇词。

宁肯事不办，也不昧良心。

有人说：良心能值几个钱？我说，良心比啥价都高，再多的金钱买不到。

人犯错误可以原谅。但违背道义、丧尽天良的错误不可饶恕。因为，这种错误将会导致良心的毁灭、对人的残忍。

## 善 良

俊丑与善恶相比，前者一眼就能看出，后者必须经过相处之后才能得知。

一个人只要心地善良，就不会做出奸诈险恶之事。

佛可以不信，但佛心不可没有。

善解人意的人，总是能从对方的角度来考虑处理问题。

人行善事心自乐，处世无欲品自高。

行善道、做善事，除恶祛邪，造福百姓。

善良的人最受人尊敬。

做成人之美的善事，不做毁人名声的恶事。

事事与人为善，帮助别人，取悦自己。

成人之美，成就别人，同时也成就自己；乘人之危，损害别人，同时也将损害自己。

与人为善，以邻为伴，和睦

相处，互敬互爱。

与人为善是一种爱心的给予，并不需要得到别人的回报，而是为了让自己活得更轻松、更快乐。

百善孝为先，尽孝善为伴。

慈善是一种高尚的精神，在构建和谐社会中，更能彰显她的魅力。

慈善是一种心灵的寄托，是人性大爱的一种体现，也是社会文明进步的一个标志。

爱心不分穷富，善心德之赋予。

诚信是金，心善为本。

"真善美"是衡量一个人德行的标准。

保留人性的纯真和善良，历来是行为不端者无法恪守的品行。

善与恶绝不共处，它们之间的争斗永无休止。

乐善好施者人敬之。

凡与坏人相处密切的人，他的善心就会逐渐减少。

把善心当恶意的人，最令人恼恨。

行随心转。没有善心，就做不出善事。

善贵行动不尚言。

人善人敬，但善心不可良莠不分。有句话说得很到位：善良过度易招祸，"东郭先生"当为戒。

一个人只要心地善良，无论走到哪里，都会把善事做到哪里。

越是作恶的人越无视善，越是善良的人越看不见恶。

行善需一世，作恶只一朝。

有善心才有善为，善为是善心的驱使和彰显。

# 礼　貌

一个彬彬有礼的人，不仅能给人好印象，而且能赢得好名声。

有理需有礼，众人才服你。

礼貌让人心暖，粗野使人心寒。

说话谨慎不张狂，举止文雅又大方，这样的人最有礼貌。

绵甜的话语、和蔼的笑容，常常能给人一种温馨、亲热和好感。

礼貌待人不花钱，但比金钱更值钱。

讲礼貌是与人交往的入场券。

礼貌不仅是一个举动，它能拉近人与人之间的距离。

一个甜蜜的笑容和一个彬彬有礼的动作，往往能让人觉得你是一个可亲可敬的人。

笑脸相迎，常能使陌生的面孔亲热起来。

礼貌待人，诚实做事。

严师出高徒，严教有礼貌。

在人与人的交往中，礼貌比金钱往往更重要。

出门守法规，在家知老少。

从某种意义上说，美好的心灵往往是通过礼貌实现的。

给人一份礼貌，就能换回一个好感。

如果一个人举止无礼、行为放纵，不论在什么地方都没人气。

受人尊重人之需，不尊重别人也就等于不尊重自己。

只要持有与人友善的态度，就不难做出对人有礼的动作。

当你被人误会时，不要急着辩解，如能耐住性子放一放，一旦对方醒悟，你的为人和宽容定会让人敬重三分。

让理智占据粗野，就不会做出不恭之事。

错了就道歉。道歉是一种自悔，也是一种礼貌。真诚的道歉不仅能弥合已经破裂的关系，而且还能进一步增强彼此之间的感情，使双方关系更融洽、更和谐。

你要尊重别人，就要尊重对方的意见、兴趣和选择。

取笑别人，实际上是最无知、最没礼貌的举动。

一个人，特别是有一定身份的人，尤要注意自身的言谈举止，不然，会影响你的形象和声誉。

一次不恭，不应当成为仇恨的根由。

礼貌有时能使不可能的事办成。

不管你心里是怎么想的，你的言谈举止都应该是谦虚谨慎的。

有礼的举动，往往能将产生的矛盾化解掉。

礼貌是出门办事的介绍信。

初次与人会面，第一位的就是礼貌。礼貌是推介自己的最好名片。

犯错误能给人道歉正是真诚、有教养的表现。

没大没小不知礼，谁都看不起。

礼貌待人既是对别人的尊重，也是对自我的展示，它比任何装饰品更能提升自身的形象。

准时，既是践诺，也是礼貌，更是对人的尊重。

拿人缺陷开玩笑，既对别人不礼貌，更伤他人自尊心。

暖言对人人心暖，以礼待人人相敬。

不把别人放在眼里的人，别人也不会把你放在眼里。

## 稳　重

宽宏大度思为上，遇事掂量不莽撞。

处变不惊，是自控及控制局面的基本能力。

凡事都要想仔细，考虑不周易出错。

遇事冷静最重要。过激行为，往往在不冷静的一刹那酿成大祸，追悔莫及。

做人做事须谨慎，留心处处皆学问。

因做事不稳或说话不注意而自毁前程的人，往往要比因其他原因失去成功的人更多。

记住：面对突如其来的灾难袭击，要冷静，切莫鲁莽。不然，就会招致更大的灾难。

待人要热情，处事须冷静。

经验丰富的人，往往要比初涉入世者遇事冷静得多、分寸把握得好。

一次失利可再争取，而一句错话却无法收回。

极度小心翼翼的人，既犯不了大错误，但也干不成大事情。

胜不骄、败不馁，是一个人从容淡定、沉稳清醒的外在反映。

一个人越能控制自己，处险不惊，那么他的影响力、号召力，以及所取得的成就就越大。

安全无小事，什么时候都不能掉以轻心。

为官者要气度恢弘，能经住

事、稳住神，不为一时骚动而乱方寸。

沉着冷静是应对紧急和复杂情况的最好办法。

谁能走出情绪的困扰，并将喜怒哀乐作适当控制，谁就能在突发事件面前稳住阵脚、妥善处置。

处祸不惊慌，处福不自得，乃平和沉稳之人。

做人不可自以为是，做事切忌急于求成。

谁做事低调一点，谁就不会落个"枪打出头鸟"的惨剧。

饥不择食易噎喉，做事慌张会出错。

只有稳住阵脚，才能乱中取胜。

沉稳的心态是成功的一半。

遇事不要太急躁，五内如焚最伤身。

在有些场合下，沉默未必不是一种策略。

后悔的事，往往就是一时的冲动而造成。

要知道，镇定是处理突发事件的明智之举。

面对突发事件，谁镇静，谁就能取胜。

## 自　律

有真情不可意气用事，帮朋友岂可胡作非为。

谁能自觉克制一点，谁就能

使自己变得强而有力。

人对自己应严格一点，时间一长，自律便成了一种自觉、一种习惯。

勤勉能补拙，自律方自强。

长期处在优越的环境中而能自省，可不是一件容易的事。

位高权重，更要自警。

为官之要在于律己、正己、不唯己。

不能以身律己，何以约束他人？

一个人能不放纵自己，不为自己的过错找借口，能对自己更加严格一点，时间一长，自律就形成了一种习惯，你为人处世的正派形象、人格魅力就在人们心目中树立了起来。

人要有一种敬畏之心。有了敬畏之心，人就会按规矩办事而不会越轨；一旦没有敬畏之心，人往往就会肆无忌惮、为所欲为。因此，心存敬畏，是人的一种自我约束的内在品质。

既要自律又要他律，自律比他律更重要。

处世方圆，待人宽、责己严。

一个人面对各种诱惑，必须保持清醒头脑，知荣辱、明是非，做到慎微、慎独，常思贪欲之害，常怀律己之心。

摆正自己的位置，比要求摆正他人的位置更重要。

连自己都管不住的人，就别想管住他人。

律人先律己，言行才硬气。

对那些嬉皮笑脸、干什么都不当回事的人，来点下马威并不过分。

对掌握人财物大权的人来说，自警之重要超过劝诫。

管别人难，其原因之一就是管不住自己。

水离开堤岸就会泛滥，人离开律法就会坐监。

有些事，与其训斥别人，不如立个规矩。

# 谦　虚

只有懂得胜不骄、败不馁的人，才能在胜败面前保持清醒。

贡献大而骄不可长，成绩多而骄不可纵。

谦虚不仅是一种美德，更是一种独特的人格魅力。

一个人只有以责人之心责己，以恕己之心恕人，才能受人尊敬。

敢于补短、善于补短，是一个人具有谦虚品格的内在体现。

有成绩让别人讲，切莫自己去宣扬。

谦虚绝不是小看自己，而是进步的一种表现。

做人绝不能把自己看得过高。"山外青山楼外楼，强中自有强中手"，说的就是这个理。

人若自省更聪明。

别被赞美蒙住眼，自我清醒不张狂。

与人相处，姿态放高点，反被他人尊重。

自吹自擂讨人嫌，众人夸你才是贤。

真正有本事的人是谦虚的、真诚的、坦率而不矫揉造作。

不懂敢问也虚心。

成于谦而败于骄。

有成绩要谦虚，没成绩更要谦虚。

人要学会退让。退让是一种智慧，一种艺术，更是一种走向成功的谋略。

世上最难的事是什么？要我说，就是自己能够意识到自己的弱点，并能想方设法弥补这个弱点。

当一个人自感骄傲的时候，说明他已开始向谦虚靠近了。

一个有才华的人，要想不露声色又能展示自己的才华，最好的办法就是克服傲慢不羁的心态，自觉养成谦虚容人的美德。唯有如此，你的才华才能真正让人佩服。

有些场合，特别是在招聘会上，不管你的能力有多大，开始都不要太显露，要有意留一手，免得人家说你自吹自擂夸海口。

尊重别人的最好要诀，就是谦虚。

成功不狂喜，失败不气馁。

世事纷繁，什么时候都不能把自己看成什么都知道。

能知天外有人，才知自己浅陋。

谁能把架子放低些对人，谁就能让对方易于接受，谁的事情办得也就更顺当。

宁说微言，不说谬语；宁不讲话，也不说假话、空话和套话，做到誉不外来，名不虚图。

对自己拿不准的事，最好少说"你错了"。

与别人比，能自愧不如，乃谦虚、上进的一种表现。

才高莫被"傲"字毁，才存"谦"中更光辉。

越没见识的人，越缺谦虚心。

与其事前吹嘘，不如事后再说。

## 骄　傲

凡自视过高、讳疾忌医的人，没有一个能在事业上取得成功的。

凡把集体取得的成绩归功于自己，这人多半不自量，其结局也是不幸的。

官大不傲，为人称道。

骄横多半来自无知。

尽显风头的人，没有一个是腹中有"货"、不狂不傲的。

自满是进步的大敌，有成绩仍要努力。

骄奢生于富贵，祸乱源自疏忽。

一个人如果听不进众人的声音，总以为自己是对的，那么，这个人就行将走向错误的深渊。

成事戒骄傲，骄傲事难成。

有些事明知不可贸然，可有的人偏要这么做，为什么，就是因为太自信、太逞强。

傲慢是无知的表现，无知与傲慢始终连在一起。

要傲骨，不要傲慢。傲骨，使人精神；傲慢，使人颓废。

好炫耀自己的人，就不会有多大出息。

一个人的本事与官职无论有多大，都不能太高傲，要适度弯下腰来收敛一下。不然，人们就不会理睬你。

为人不要太傲气，傲气之后难近人。

人很容易心高气盛，觉得自己了不起。可一踏入现实生活，情况并不是那么回事：你越摆谱，越没人理你；你越自我感觉良好，越总是四处碰壁。因此，人还是谦虚点好。

人夸你，能不傲，才是清醒者。

一知半解的人好要小聪明，这是逞能者的最大特征。

得意莫忘形，顺风需看路。

自命不凡的人大都是凡人。

炫耀自己的本事，就等于遏制自己的进步。

当自己认为自己了不起的时候，失败就会离你不远。

阻止你进步的大敌，不是别的而是自满。

目中无人不是没人，而是你已经看不见人，因而你已失掉了人。

出名更应脑清醒，不断自省创新绩。

岂不知，恃才傲上者，往往是要吃亏的，甚至吃大亏。

你可知道，得意忘形者，没有一个不自尝苦果的。

聪明的人能放弃傲慢，那是再好不过的了。

自满是勤奋的终结。

令人难堪的是，夸过海口而落空。

不要拿人的短处与你的长处相比，比来比去，就会比出傲气。

## 清　白

能在浊者中保持自清，乃人品之高洁。

奉献如春天的阳光，贪婪如严冬的"三九"。

人生悟语

贪者毙，廉者生，这是规律。

见钱物不贪，见私利不图，一生清白无忧愁。

清白是福，夜半敲门心不惊。

洁身自好，出污泥而不染。

清廉一身轻，心贪腹内乱。

廉洁受人敬，贪财法不容。

守清贫无欲则刚、无私则强。

戒色欲，守清廉，心底无私天地宽。

做人一身清，不贪心不惊。

廉而生威，廉而无畏，廉洁出凝聚力，廉洁出战斗力。

清白在我心，私欲拒门外。

廉者常乐，贪者惹祸。

事实上，清白的人才敢惩治不清白的人。

吃人家的嘴软，拿人家的手短，唯有清白才坦然。

人活着不在乎你做了多大的事，而在乎你是否做了该做的事；人不应该看重那些身外之物，而应该看重自己的一身清白。

该争取的绝不含糊，不该攀比的绝不出风头。

清贫，不是越穷越好，而是要过淳朴洁净的日子，绝不奢靡。

为官身洁净，心底无欲最坦荡。

## 正　直

正直的人需要一段时间的观察才能看出，而花言巧语、心术不正的人，一出腔就能让人感觉到。

与人共事多言善，背后捣鬼自遭殃。

正直的人有时不被人理解，但时间长了，人们就会用钦佩的眼光看待你。

做人要做正直的人，损人利己的事坚决不能干。

做人难，做一个正直的人更难。

正直的人勿与小人为伴。不然，你会吃亏的。

君当如松，顶严冬而傲立。

做人坦荡正派，切勿掖着藏着。

立言公道、处事公平、为人公正，这是做人的原则。

从政当自正，为官腰杆硬。

进谏应当以大局为重，绝不可只投主管所好。

为人善良与直率是令人钦佩的。

心口如一、坦诚直爽，乃光明磊落之人。

直爽不讳，诚恳待人，乃为人处世的基本要求。

身正方能正人，无私才能无畏。

正直的人认准了的事，别人别想去改变。

说话好听，善恶分清；心直口快，心眼不坏。

正直的人常不被人理解，甚至被人曲解。

面对权势，不卑、不亢、不屈从，乃刚正之人。

耿直的人能有点柔情和宽恕，那是再好不过的了。

正直的人爱说实话不遮掩。

凡对领导不敢直言者，准存私心。

做人最大的悲哀就是失掉气节和灵魂。

正直的人无论走到哪里都不屈邪。

## 宽　容

同事之间互敬互爱，和谐社会共同构建。

一个人容不进忠言，而对奸人的话言听计从，最终毁掉的不是别人正是自己。

害人如害己，宽恕别人就等于宽恕自己。

谦和是一种风度、一种修养，也是一种境界。

人有多大的包容，就有多大的事业。

宽容意味着理解和通融，是融洽人际关系的黏合剂，是合作共事的基础和保证。

原谅比忍耐更重要。因为，"忍"所蓄积的力量迟早会找到发泄口，要么牺牲自我健康，要么就是还击他人；而"谅"则把这股力量进行了升华，本着"宽大为怀"的姿态，对待别人的不仁之处，一笑了之。

当众亲吻自己的仇人，实属心胸宽广。

道歉化干戈，宽容贵似金。

以笑脸对怒容，以沉默对争吵，实属平息矛盾之绝招。

淡然一笑乌云散，矛盾可解不可结。

能干大事的人总能包容他人的过失，从不轻易责备别人，从不强迫别人去做自己不愿做的事情。

能平和待人的人，其脚下的路会越走越宽广。反之，则走独木桥。

宽容是制止争吵的良药，同

时也是帮助他人改正错误的好方法。

能忍他人所不能容忍之事，才能做出比他人更为卓著的成绩。

大度加宽容，仇人变友人。

宽容大度是熔化积怨与矛盾的催化剂。

能不能把屈辱当动力，就看一个人的肚量了。

装憨吃亏是宽容、忍让的一种表现。

相互宽容和理解，是化解矛盾纠葛的一剂良药。

忍让虽受压抑，但它往往能给人带来忍后的和谐。

世间因有了宽容而和谐。

用欣赏的眼光看待别人的优点，以宽容的心态对待别人的缺点。

能包容他人的人，才能被他人包容。

宽容是一种风度。

大度能容难容之事，厚德能忍难忍之仇。

不给别人宽容的人，自己也得不到别人的宽容。

有气量和涵养之人，最让人敬重。

谁容不下别人的过失，谁就不能与别人和睦相处。

只有善待、宽容别人的错误和失败，才能激励其更好地探索和创新，也才能反映出一个人的宽容和大度。

眼界决定高度，胸怀在于广阔。

怀仁多知音，容人才得人。

当有人冒犯了自己，只要不是原则的事，就不要在意，更不要记仇，宽容对他人。

大度胸襟能成事，小肚鸡肠事难成。

在某些问题上，如果大家都能将心比心、相互理解和支持，那么，人与人之间就会变得更加和谐和亲善。

公开对抗你的指示，说明他有他的道理，要弄明情况后再作处置，切不要贸然行事，造成不必要的双方对立。

就为官者来说，"善下"既是一种美德，又是一种胸怀。谁能"善下"，谁得人气。

不能尊重别人的兴趣和爱好，也就很难与别人和睦相处。

事实上，一个人有多大的眼界，就有多大的世界。

能用宽容的态度对待失败者，本身就是一种最大的鼓励和安慰。

生活中少了容忍和宽恕，那是非常可怕的。

能容人之短处，方能用人之长处。

矛盾一解乌云散，握手一声泯恩怨。

欣赏，既是一种眼光和胸怀，也是一种雅量和境界。学会欣赏，就会给人以更多的鼓励和支持、更少的批评和指责。

化"指责"为"自责"、变"冷言"为"热语"，这就是宽容的力量。

## 嫉 妒

没有比耍奸更能损害一个人的德行了。

好人得平安，坏人遭祸端。

去掉嫉妒多些爱，相处之间多担待。

凡一心算计别人的人，其内心都是空虚的。

凡嫉妒别人的人，多因某些地方不如别人。

嫉妒最怕阳光，它总是藏在阴暗的角落里秘密活动。

嫉妒是隐匿在人群中的毒蛇，不可不防。

嫉妒是搬弄是非的常用武器。

人的一生要避开两种人：一种是嫉妒你的人，另一种是奉承你的人。

凡算计他人的人，其内心都有一种嫉妒感，生怕别人超过自己。

无能才生嫉妒心。

看不见的嫉妒比看得见的嫉妒更难对付。

嫉妒比怨恨更伤人。

玩人者遭人憎，帮人者受人敬。

当人心存嫉妒时，才会不择手段地加害别人、抬高自己，甚至不惜置人死地而后快。

能让人嫉妒，说明你有才能；而你嫉妒别人，则说明你无能。

让嫉妒的人夸你，受迫害的人是你。

嫉妒人的通病就是：贬低别人，抬高自己。

事实上，被小人所不容的常常就是好人。

人有嫉妒心，难交知心人。

跳出自我、克服攀比、与人为善，不失为消除嫉妒心理的一个好办法。

一心算计他人的人，最终算计的是自己。

无德无才才嫉妒。

琢磨人的人，自己的内心难安宁。

# 奉 承

对上司要尊重而不奉承，对下属要关爱而不溺宠。

卑躬屈膝的人都有这样一种心态：冒犯上司生怕以后得不到提携而甘愿忍之。

阿谀奉承是一枝无形的毒箭，稍不留神，就会中箭身亡。

"君子好义、小人好利"，凡刻意讨好上司的人，大都别有用心。

为官者交友，一定要警惕在你面前说好话、套近乎的人。

奉承是杀人的暗箭。

人一旦拥有地位，奉承的人便多了起来，这就需要明鉴。

两边讨好落不着好，白找没趣双方恼。

以迎合的方式夸奖你，百分之百存有个人目的。

现实中不难看到，言听计从、会阿谀奉承的下属，往往能成为某些领导干部行为不端的替身。

凡巴结人的人，大多都是低三下四、缺乏傲骨之人。

奉承比咒骂更阴险。

奉承者总是有目的的，没有目的的奉承者是没有的。

谁不警惕献好者，谁就遭其所利用。

奉承为啥有人听，根源就在虚荣和面子上。

记住，奉承的话要一耳听、一耳扔，切不要去在意。

事实上，对满嘴好话的人更要提防。

喜听好话的人，最容易被人利用。

记住：对不抱私心、有点抗上、敢讲真话的人，请你相信他，不会坏你事。相反，对那种点头哈腰、口中称"是"、心怀不轨的人，要提防。

## 撒　谎

哄骗是需要冒风险的，不露馅只是暂时的。

对两个好说假话的人来讲，什么话都可能说，唯独不说真话。

谁也不希望被人骗，但不想被人骗的同时，切忌不要去骗别人。

谎言被当众揭穿更难堪。

带刺的真话，胜过动听的谎话。

一个对同事、对领导都说谎的人，那他对百姓也绝不吐真言。

好说谎的人，即便说了真话，也难让人相信。

谣言常常是制造混乱的前奏。

恰用谎言也美丽。

假话是真话的天敌。说假话能蒙混一时，但骗不了一世。要知道，"纸总包不住火"。说谎者迟早会露出破绽，令人不齿。

说假话的人心虚，说真话的人气足。

别拿说谎当政绩。

说谎者最怕证人。

记住：内心不诚、嘴巴好听的人，最具欺骗性。

揭老底是撒谎者的一大忌。

注意：拿鸡毛当令箭的人，当防。

任何谎言都无法结出真实之果。

火不空心不旺，人不实在撒谎。

喜听好话的人易骗。

能打垮吹牛的利器是事实。

其实，失言的背后有时就是说出了实情。

当面对质心不慌，说明心里没有鬼。

说谎的人不可能不露馅，除了不说。

对好吹牛的人来说，事实摆在面前才能让人相信。

岂不知，说假话者是要付出代价的，甚至很沉重。

说谎的人从来不敢理直气壮，心虚才是他们的本来面目。

谎话历来在真实面前发抖。

## 虚　伪

真心实意受尊敬，虚情假意落骂名。

岂不知，争名夺利不会使你流芳百世，只会让你身败名裂。

一个人能主动抛弃虚伪，说明他已开始向诚实靠近。

恶行来自虚伪，虚伪派生恶行，恶行是实现虚伪的必要手段。

靠虚假骗得荣誉——可耻；靠实干赢得荣誉——可敬。

一个人能主动撕掉虚伪的面纱，真诚对待公众，那是难能可贵的。

笑面人的特点是：表面谦和而暗藏杀机。

太讲究个人身份，往往是一种虚伪的表现。

旁敲侧击往往能看出做贼心虚的人恍惚不安、低头不语。

一个人越是装腔作势，越能看出其心怀鬼胎。

矫揉造作最令人厌烦。

口蜜腹剑的人尤要提防。不然，就会被"甜言"击溃。

三番五次"下次改"的人，都是心不在焉、满不在乎、试图蒙混过关的人。

一个人耍了滑头而不知耍了滑头，实乃双倍的滑头。

欺骗生活，实际上就是欺骗自己。

虚伪的人，内心最空虚。

有时，人在最狂妄的时候也是最虚弱的。

请记住：欺人者自欺，毁人者自毁。

凡抹粉太重的人，说明其底色太差。

虚伪与真实从不相容。虚伪的眼神总是在真实面前发抖，而真实的眼神面对虚伪却总是那么坚定和刚毅。

虚伪的人，没有一个能逃脱自我表白的圈子。

虚伪待人心不诚，戳穿伪装现原形。

伪善的人不得不防，不然就会叫你吃亏上当。

有的人不够"意思"：在人需要帮助的时候有意躲开，一旦事情过去之后，又怨人家早不说。

真理不遮掩，诡计套外装。

当面说你好，背后捅刀子，这种人要防。

## 虚 荣

好高骛远不可有，脚踏实地争上游。

不图虚名、不务虚声、不慕时为，做真人、干实事，是成功之道，是成才之本。

似懂非懂的人，好耍小聪明。

虚荣是厉行节约的大敌。

虚荣就像往人脸上蒙上一层纱，只有撕掉它，才能轻装上阵、有所作为。

虚荣是进步的大敌。

把自己看得过重，必然就有虚荣心。

虚荣的人只能表扬，不能批评，尤其不能遭受打击，否则就会自暴自弃。

人，只有撕掉虚荣的面纱才轻松。

输不起的是人情，受窘迫的是自己。

丢不掉情面，就打不开局面。

凡虚荣心强的人，得到的没有失掉的多。

虚名累人，顺其自然才轻松。

## 自 尊

对有骨气的人来说，宁愿自己蒙受责难，也不愿低头求别人饶恕。

人受排挤不可气馁，要挺胸昂首、走自己的路，出头的日子总会有的。至时，你的前景就会一片光明。

慷慨地死去比苟且地活着高尚得多。

人失骨气，必失尊严。

尊严，乃自我抗击外辱的内在彰显。

在权势面前，凡点头哈腰、卑躬屈膝的人，既让别人瞧不起，也丢掉了自己做人的尊严。

做人要坚守本分，切不要因蝇头小利而失掉气节。

贫穷并不可怕，怕的是丧失人格和自尊。

自尊是一个人的力量之源，如果你能替别人考虑，在任何情况下都不伤害别人的自尊，这说明你的人格是伟大的。

不知荣辱的人，就会丧失人格和尊严。

自尊才能自爱，自爱才能自信，自信才能自强，自强才能自立，自立才能有所作为。

人没自尊，就没骨气。

干事没有自尊心和自信心，不成。

大凡摔倒爬不起来的人，都是自己不争气，别怪人家看不起。

人没尊严，就不知羞耻。

人，最大的欣慰莫过于受人尊重和赏识。

自己尊重自己，才能让别人看得起。

自己不争气，谁也扶不起。

总认为自己比别人矮一头，就是自卑。

乞怜之人才会屈膝他人。

从人格、尊严上讲，伤害人最深的就是羞辱。

当人因某件事感到自责和内疚的时候，请不要拿话"刺激"，否则就会伤人自尊心，进而引起他人对你的不满或愤恨。

人的缺陷不一定是坏的，相反，有可能是你的长处和优点，问题就在于你如何正视、把握它。

有时，生活中缺少的并不是有能力干大事的人，而是对他人的一种尊重态度。

## 美 丑

荣辱观是世界观、人生观、价值观的重要内容，知荣弃耻应当成为社会每个成员的精神准则和自觉操守。

身有残疾，失去的仅是身体的完整；心灵受伤，失去的将是人生的美丽。

美是感官的一种反映，并对感官有极强的征服作用。

美丽也是一种天赋，它是人体各部位的匀称配置。

爱美之心，人皆有之，追求美是人的天性之一。

美无处不在，只是我们没有发现罢了。

有美就有丑，无丑怎能显出美。

人性无非是善恶美丑的集合体，谁都不例外。

世上没有绝对的美丑，只不过是各人参照的标准和观察的角度不同而已。

人丑才出众，令人也尊崇。

相对美而言，丑对人有一种心理和感观上的逆反刺激。

过丑过美都对人的眼球有极强的吸附力。

一个人做了丑事还不以为丑、乐在其中，这种人最可悲。

# 六　时间·机遇·成败

## 时　间

时间对碌碌无为的人毫无意义。

主宰时间的人最珍惜时间，成功者往往会把时间利用得最充分。

无论力量多大，都无法阻挡时间的流逝。

珍惜时间的人最怕失去时间。

时间对谁都不少，看你会找不会找。

时间无情也有义，时间对谁都公平。

谁也不可否认时间能淡忘一切。

时间是生命的载体，时间的浪费实际上就是生命的缩短。

浪费时间，就等于浪费生命；珍惜时间，就等于延长寿命。

合理搭配时间，效益出自里面。

最公平的是时间，但利用它的人却有不平等的收获。

因为人不能永生，所以时间对人来说是宝贵的。

再结实的绳子也拴不住时间。

抢抓时间就等于抢抓机遇，放弃时间就等于放弃机会。

时间能见证人的一生。

时间能创造一切，也能毁掉一切。

事实上，人们对事情的记忆，大都随时间的冲刷而淡化。

懒惰的人消磨时间，勤快的人利用时间。

要学会主宰时间，绝不能让时间摆布自己。

时间对每个人都是公平合理的，它绝不会多给任何人一分一秒。但对勤奋者来说，时间带给他的是成功的光环、金灿灿的果实，而带给懒惰者的却是苍老的容颜、一贫如洗的窘境。

会利用时间的人最充实。

对勤奋的人来说，时间是有的，就像水浸的棉絮，就看你愿挤不愿挤。

有些事紧一紧能成功，松一松就落空。

时间是公平的，也是偏私的。说它公平，它给每个人每天都是24小时；说它偏私，勤人用得多，懒人用得少。

人最不费力的就是抛撒时间，而最终收获的只能是一生的悔恨和遗憾。

人，每天拥有的时间是相等的。但不同的人在相等的时间内所做出的工作成绩大不一样。

谁运筹时间合理、充分，谁就能令时间多创造价值。

世界上的任何事物都将随着时间的推移而变化。一成不变的东西是没有的。

时间是构筑生命的材料。挥霍时间，就等于践踏生命。

只要你不愧对时间，时间就会给你丰厚的报酬。

丢弃时间，就等于丢掉一切。

## 流 逝

当你发现时光珍贵的时候，你就会为失去时光而惋惜。

时光一闪即过，它绝不因为你事情尚未办完而等你半步。

机会犹如七彩的阳光，一闪即逝。

时代的变化同涨潮一样，它的来临绝不等人。

过去的东西永远是旧的，走动的时光永远是新的。

路错可回走，岁月不复还。

当你惋惜时光流失时，后悔已莫及。

谁把握不住时光，谁就枉费一生。

世上没有比光阴更不讲情面的了，不管你忙与不忙、做与不做，它都照样溜过，绝不等你。

再大的本事也挽回不了失去的时光。

光阴失去难找回。

消磨时光就等于慢性自杀。

任何功名利禄都将随时光的流逝而消失。

值大好时光不用，就等于把拿到手里的黄金丢弃。

光阴抓不住，只在人珍惜。

时光流逝快，眨眼就溜掉。

时光不留情：只许人等它，它却不等人。

## 机　遇

在某种情况下，选择就是放弃，机会就是陷阱。

告诉你想成功快捷的秘诀，到最危险的地方寻找机会。

机会属于有准备的人。

事实上，成功者与失败者之间的最大差别，就是意志力的差别。一个人一旦失去了意志力，那他就失去了与成功握手的机会。

人非圣贤，孰能无过。有了过失不要怕，要善于总结，从过失、挫折中汲取教训，使其成为一种新的机遇。

人生最大的遗憾是，该做的事没做，想做时又晚了。

机会从不幸中走来更珍贵。

生活好比一场足球赛，它的规则很简单：抓住时机，快速射门。

凡搞过竞赛的人都知道，把握时机、掌握技巧，才能制胜。

机遇一闪而过，谁能抓住它，谁就能取胜。

与其坐失良机，不如主动出击，变不利为有利，抓住战机，反败为胜。

机遇往往从人的不知不觉中走来。抓住了它，就抓住了成功。

"高不成、低不就"，是一个人获取机会的最大障碍。

你想把握机遇吗？必须具备三个条件：敏锐的眼、留细的心、快速的捕。否则，机遇是很难抓住的。

机遇难捉摸，就看你把握。

事实上，坐等机会则死，创造机会则活。

客观机遇加上主观努力，才能铸就一个人的声誉和业绩。

机会来临的时候，由于自己的疏忽而错过，后悔也是枉然。

对于认准了的事，虽动必量力、事必量技，但说做就要做，切莫说而不做，观望等待，错过时机。

机不可失，时不再来，"等一会"一切都成马后炮。

机会是争取来的。一旦你抓住了身边的机会，并且努力去追求新的机会，那么奇迹就很有可能在你手中出现。

人要告别等待，就有取胜的可能；若要一味等待，那就会一事无成。

机遇偏爱有备之人。没有准备，很难把握机遇；有了准备，才可以抓住机遇。

如果你能抓住一次机会，你就能为今后创造更多的机会。

机会不常有，偏向留心人。

迎时也好，背时也罢，一个人应该以从容的心态去面对未来，切不要强求那些得不到的东西。当然，机会来了就要争取，决不退让。

生活中看似不是机会的机会，细心的人才能抓住不放。

事实上，机会就是创造争取的。不然，它就与你无缘。

不留心机会的人，永远坐失良机。

有时候，一次失去将永远失去。

机会无处不有，慧眼才能抓住。

有时，选择一个机会必须放弃另一个机会。如果两个机会同时选择，那就势必造成顾此失彼、一个难及。

过去的难找回，眼前的要抓住。

机缘遇上粗心人就会逃逸。

即使胜算在胸，如不抢抓时机，也难取胜。

机缘人把握，坐等摸不着。

## 成　功

不预先做好战胜困难的准备，就别想把事情做成功。

成功因细节而生动。

享受成功快乐的人，必然体味过未成功之前的痛苦和辛酸。

没有成功的经验，并不等于没有成功的可能。

成功源自奋斗，奋斗铸就成功。

成功的最大障碍不是别人，正是自己。

一个人要想取得成功，就必须比别人付出更多的努力。否则，成功不会偏爱你。

在成功者的花环里，哪一个不浸透着艰辛的汗水。

变不利为有利，才能成功。

一个人最为可贵的成功，就在于他搬掉了前进路上的绊脚石。

一个人不抱功利的目的去做事，往往有成就。

想成功别怕吃苦，怕吃苦就别想成功。

品苦中之乐，尝成功之果。

成功并没有什么诀窍，关键在于你对追求的目标是否竭尽全力去争取了。

对于事业，只需用心并辅以

坚忍不拔的努力，就能取得成功。

一个人的成功与否，在一定程度上与其所处的环境有关。

有大成就的人，无一不是吃过苦头的人。

任何事情的成功，往往离不开这样的环境条件：天时、地利、人和。

在某种情况下，教训也能换成功。

成功的背后往往付出很多。无此则不成。

成功里少不了一些辛酸，少了辛酸纯属侥幸。

梦想成功，若不苦拼一番，永远都是梦想。

谁做事成功了，说明谁找到了做事成功的诀窍。

不放弃不一定成功，但放弃了就一定不会成功。

成功，由磨难铸成。

成功不是必然的，但努力应该是必需的。只有努力，才有望成功。

有时，人的成功看似偶然，但谁能断定里面不包含必然？

事实上，只要你能踩实脚下的每一步，把大困难化为小困难，把大目标化为小目标，矢志不移向前走，就一定能够取得成功。

从某种意义上说，没有尝试，就没有成功。

紧紧抓住眼下时光，才能驾驭未来成功。

人，只要不怕吃苦、不怕跌跤，天下就没有办不成的事。

把困难压下去，成功才能"冒"上来。

## 失　败

失败也有益。从失败里生出的芽、结出的果都是真经、真言、真知、真见，宝贵得很。

挫折和失败，是一个人在成功的道路上不可或缺的伴侣。

一个人能接受各种失败，说明他离成功不远。

在坎坷的人生旅途中，不摔跤的人是没有的。

要知道，浩瀚的海水只有遇到风暴暗礁岛屿，才能激起闪亮的浪花。人只有经过挫折和失败，才能长见识、增智慧，让曲折的人生更绚丽，让生命的浪花更剔透。

人若遇到挫折就一蹶不振，这人永远不能成功。

没有冬天的洗礼，便没有翠竹的挺拔；没有大雪的覆盖，便没有麦穗的饱满。人生只有经过无数次坎坎坷坷、曲曲折折的磨炼之后，才会变得绚丽多彩。

不善从失败中吸取教训的人，永远不能成功。

经不住打击的人，也是做不成大事的人。

谁经不起失败，谁就别想成功。

败了再战，永不服输。

一次成功往往经过数次失败而获得。

细节决定成败，成功在于过程。

你可知道，教训比经验能带给人更多启迪。

遭遇失败是探险家不可缺少

的心理准备。

失败是一种教训，更是一种财富。

失败是成功的同胞兄弟，没有失败也就没有成功。

失败说明你曾拼搏过，没有拼搏也就无所谓失败。

失败与成功一样重要，都是人生的宝贵财富。

失败了，也要昂首挺胸不怯懦。这是自信，是清醒，是情操，也是境界。

一次失败意味着一次新的开始，再失败再开始，直至成功。

不怕失败是取得成功的保证。

没吃过失败之苦的人，永远不知道成功是什么滋味。

在大多数人看来，失败似乎就是结果，可对成功者来说，失败只是一个开始，是通向新一轮成功的跳板。

能给失败者一个致敬，人们就会把赞许的目光投向你。

输了，别在意；赢了，再努力。

人一旦受挫，就萎靡不振、怨天尤人，那是成不了大事业的。相反，只有备受艰辛而又执著追求的人，才能取得事业上的成功。

失败和磨难是成功者不得不付出的沉重代价。

成功是一种收获，失败也是一种收获。因为，失败带给我们的是生活与经验的积淀，它能磨炼我们的意志，使我们更坚强、更富有顽强拼搏的精神。

有些事，一次失利，往往导致全盘皆输。

失败也比胆怯好。

从一定意义上说，失败了再奋起比一次获胜更让人敬佩。

谁为失败找借口，谁就别想能成功。

成功中有经验，失败里也有教益。

任何事物都是相对而言的，没有失败者的参与，也就没有胜利者的决出。失败与胜利同样精彩。

你可知道，失败者的背后往往付出了与成功者一样的艰辛和汗水。一时比赛失败了，就不应该对他们有过多的指责和怪罪。

谁能把失败当作人生的必修课，谁就能从中得到教益，这对今后个人成长大有帮助。

失败了，只要信心不失掉，成功还有希望。

败而不馁，乃永不服输的打拼精神。

输赢莫计较，输后进取最重要。

## 名 誉

荣誉得来不易，但守住荣誉更难。

名誉太高是一种负担，弄不好就会身败名裂。

荣誉只是一个起点，只有持续不断地跋涉，才能到达更高的境界。

岂不知，一声训斥可能会毁掉一个人，而一个点头默认或许能成就一个人。这就是肯定与赞许的力量。

谁在羡慕别人的同时，让"羡慕"搅乱了自己平静的心，那才叫做不值得。其实，你在羡慕别人时，也许别人正在羡慕你。羡慕时常是相互的。

人过留名、雁过留声。一个人只要行得稳、坐得正，多做好事、少办错事、不干坏事，好名声就会不请自来。

财富、职称、奖项，虽能体现一个人在一定时期内的价值，但人民的认可、人民的称誉，才是真正矗立在人民心目中的不朽丰碑，其价值不知贵上多少倍。

以平常心看待荣誉，以进取心再创佳绩。

你能正确地评价别人，别人也能给你以恰当的肯定。

荣誉只能代表过去，创造才能勾画未来。

赞扬别人，以心底无私最高贵。

不给荣誉玷污，是独修其身的结果。

取得荣誉能与他人共享，既是一种美德，也是做人的一大智慧。

荣誉只不过是身外之物，当你过分追求时，荣誉也就变成了虚荣。

羞耻在于己错，知耻才能纠其过。

人不推介自己，就无法展示自己，但推介自己不等于炫耀自己，这一点有本质的区别。

名声不是人送的，而是自身修养赋予的。

名分宁可不要，但名声不可失掉。

其实，光环是靠背后的付出、辛劳、智慧和方法换来的。

与其羡慕别人的，不如干好自己的。

荣誉，乃社会或团体对一个人的德行或贡献的奖励。

夸奖别人是对别人的一种敬佩，称赞自己的竞争对手，则是一种更高境界。

一个人有了高尚的道德情操，才能受人尊敬并赢得荣誉。

荣誉记录过去，奋进创造未来。

适当赞赏，对孩子的健康成

长大有裨益。

赞许有一种鼓励的力量，它催人奋进、激发士气，无形中也能催生一个人才、创造一个奇迹。

谁能在赛场上为对手鼓掌，谁就赢得了真正的胜利。

获金牌使人羡慕，而背后的苦练则让人惊叹。

赞誉是对德行的奖励。

演员因赢得观众而自豪。

请君要记住：自毁名誉易，重塑名誉难。

一个人在最辉煌的时候，一定要对金钱、名誉、地位、权力看得淡一些，要始终保持清醒的头脑，千万不要因一时"糊涂"而栽了跟头、坏了名声。

人一生中的辉煌，或许只那么一瞬。能好好珍惜这么一瞬，也是你一辈子的荣光。

授大奖，诱人醉，只因稀少而珍贵。

## 判　断

学习、调查、试验，乃领导者决策的锦囊妙计。

靠感觉不是靠细察来评判他人，十有八九是错误的。

凡不切实际的判断都是错误的。

拿道听途说的东西作为判断依据，那是轻率的，也是不准确的。

论证后再去冒险，失败了也坦然。

凡抛弃个人主观意见作出的结论，可信度较高。

事实上，看待事物的角度不同、深度不一，解决问题的方法就不尽相同。

知人善任，知之深，方能任得准。

判断既要有敏捷的思维能力，又要有洞察事物发展规律的本领。不然，作出的决策就没有把握。

人善不能仅仅从脸上判断，更重要的是从内心观察。

再好的工作部署，也难免不出差错。

准确的判断，必须以确凿的事实为依据。

事实证明，在下结论之前，陈述双方的观点要比只讲自己的观点更有说服力。

人有从众心理，一唱百和。如果是善事，应该提倡；如果是坏事，那就贻害无穷了。因此，无论好坏，切勿盲从。

观察要多角度，分析要更全面，结论才准确。

人的价值观不同，对人的评价产生差异也就不足为奇了。

不做调查就没有发言权，不做实事求是的调查，同样也没有发言权。

谁能从万千事物中找出带有规律性的东西，谁就具有洞察力和敏锐性。

善于在平凡的生活中有所发现，关键的时候就能显示出你的洞察力和敏锐性。

凡事既要用眼看，更要用心想。光看不想，难透现象窥真相。

判断一个人好坏，不是看他怎么说，而是看他怎么做。

得宝者山里寻找，任贤者好中选优。

动听的话很温柔、很能打动人，但要明鉴是"蜜糖"，还是"毒药"。

有些时候，不要因为一时出了点偏差和失误，就自动放弃自己的理智判断。

一个人有了先入为主的印象，要想一下子消除它，那是非常困难的。

先行意识到的东西，并能自觉践行或遏制，这才称得起聪明绝顶之人。

能主动放弃自己的看法，说明以前的意见还没有把握性。

假已成风真疑假，真真假假难辨清。

你可知道，意想不到的结果，往往能使人产生惊讶或敬意。

可疑的事情，只有通过多方考证和判断才能澄清。

凡没拿准的事，绝不下结论。

不明实情，不下断言，失察必定出差错。

## 冒　险

珍珠往往沉于海底，只有敢于冒险的人才能得到。

事实上，防险比抢险更重要。

冒险是探索未知的向导。

一个人如果能从风险的转化和准备上进行谋划，那么，他就不会被风险所吓倒。

要想在某个领域取得成功，必须具备"不入虎穴焉得虎子"的冒险精神。

怕犯错而不敢尝试，一辈子就别想干什么大事。

万一是惧怕之果，倘处处万一，那什么事情都不要去做。

冒险虽无百分之百把握，但具有成功的希望。搞创新不冒险，就一点希望都没有。

宇宙有无穷的奥秘，太空是人类永恒的财富。只有敢于探险的人，才有望解开奥秘、获得财富。

创新本身就意味着风险，只有敢冒风险的人，才有可能享受创新的成果。

人生最大的失策，就是不冒任何风险。

不肯拓荒的人，只能守旧，不敢前进，这种人注定没有大作为。

凡胆识过人的人，无一不是行动敏捷的人。不管这些人曾经历多少次失败，但他们在事业上所取得的成绩远远要比那些前思后想、左顾右盼、不敢冒险的人多得多。

敢冒风险的人，才有可能创造出前所未有的奇迹。

为逞强而冒险是愚蠢之人。

不冒风险的人干不成大事，也永远不可能出人头地。

风险藏机遇。谁敢冒风险，谁就有成功的可能。

获大成就的人，往往都是敢冒大风险的人。

创新需要探险，探险必有风险。如果奢望每一次探险都能获得预期的成果，这种想法是不现实的，也是不科学的。

冒险，最需要的就是机灵和胆量。

敢于尝试敢冒险，不信奇迹不出现。

岂不知，怕担风险的人，只会让自己与成功无缘。

世上很多事情，只要敢做，或多或少都会有收获，哪怕是做不成的事情，也可从中学到有益的东西。

干某件事走"捷径"是应该的，但要注意把握好度。不然，事与愿违，不仅不会节省时间，反而还会招致危险。

探路是有风险的。规避风险的办法之一就是，吸取前人的教训，然后再前进。

人类最先获得的一切，都是从冒险开始的。

图安稳维持现状，要革新就得敢闯。

勇在遇险时彰显。

# 七  为官·爱民·做事

## 官　德

说实话既是人品也是官品。

官德正则民风清，官德损则民风浑。

为官德为先，德为官之魂。

为官者只有把个人利益看得淡一些，才能把国家和人民的利益看得重如泰山。

以人为本，以德为先。

官不可"溺宠"，"溺宠"的官迟早是要栽跟头的。

品德比能力更重要。

一个称职的干部，不仅要在德能勤绩廉诸方面过得硬，而且还要在名利得失上、工作压力上、困难挫折上都能经得起考验才行。

对领导干部来说，常修为政之德，常思贪欲之害，常怀律己之心，既是必须恪守的原则，也是提升修养的方法。

凡把权看得很重的人，没有一个能逃脱这样的怪圈：不当官人蛮好，一当官就不认人。岂不知，这种人既让人看不起，也挨骂最多。

官腔、架子不值钱，当官何必讨人烦。

权大不欺人，掌权为人民。

为官者必须时刻检点自己，要从小事、小节、小处做起，切不可以善小而不为，以恶小而为之。

一个人不管职位有多高、权力有多大，只有把自己当成百姓一员，并设身处地为他们办事，才能令人佩服和尊敬。

当政者能否做到说实话、报实数、不虚假，同样是对干部官德的一种检验。

当了官，若还能体味没当官之前的心情，那么，你对无官之人就不是当官时的那种口气了。只要你把"官"看作是为人民服务的岗位，把"权"看作是为人民服务的工具，你这官当得就很称职、很硬气，也很坦荡。

官味浓而民味淡，老百姓最厌烦。

为官者只有把"权"字认清，把"人"字写正，把"我"字放小，把"民"字看大，把"学"字记牢，把"智"字用活，身先士卒、内外兼修，才能达到高尚的人生境界。

现实生活中，不少人有这样的感受：双方都没当官之前，俩人关系非常密切，无话不谈，可一旦一方当官之后，特别是有了一定官职，这种情况凸显变化：距离远了、脸色变了，就连给其说话也感心烦，这种人最让人咒骂。

当官的对百姓态度谦和些、架子放低些，这不仅是一种政治智慧，更是一种品德修养。

立德手不贪，为官心坦然。

谁视权力如命，谁心里就没老百姓。

官到无己品自高。

做官难，做个清官也难。然而，再难也得做清官。

请你多自量：官长气长脾气长，群众不会买你账。

做官德为先，德不正者，毁人坏事。

警惕：有的为官者表面很"谦和"，但内心险恶。依着他，倒也好；惹了他，不得了：明不治你暗伤你，毁你余生没说的。这种人尤要提防。

官大不见得就高贵，钱多不见得就幸福。

现实中，往往无权人"温柔"，有权人专横。

官威人远之，德威众人近。

掌权能想落权时，待人霸气自会收。

官与不官落差大：权去人也"乖"。

## 人　格

一个为官者有了人品和官品上的诚实，才能有工作上的勤奋和务实，才能对下心胸坦荡，说实话、办实事、见实效，才能以自己的人格魅力赢得人心、博得人爱。

唯命是从不是温顺而是奴婢。

人与人是平等的。如果一个人总觉得自己比别人低一等，那么，你自己便把自己的人格给降低了。

人可忍受肉体上的痛苦，但不可忍受人格上的侮辱。

人格是生命的脊梁。

也许金钱能给人带来非凡的跨越，但失去人格，就等于失去做人的资格，也就无从谈起生活上的富有。

做官先做人，人品重于官。

一个人可以出卖自己的脑力和体力，但绝不可出卖自己的人格和灵魂。

以强凌弱并不是光彩的行为，即使你把对方搞臭了，在别人眼里你也不是个香饽饽，相反，你就是一个地地道道的无情无义之人。

人不能没原则，丧失原则就是没人格。

塑造完美的人格形象，一直是每个正直人的理想和追求。

实实在在做人，光明磊落为官。

当你奚落别人或拿人不当回事的时候，你的人品也就值得他人考虑了。

人格的最大自损，就是贬低别人、抬高自己。

德是为人之本，为官者如果品德高尚，正气浩然，就必然能在群众中产生人格力量，威信就不言自高。

一个人如果不择手段地去追逐名利和钱财，那他在做人的同时就一定会失去自己的人格与尊严。

守住人品这"高地"，不怕"污水"涌上来。

当官一阵子，做人一辈子。没有一流的人品作底子，做官从政就容易栽跟头。

先做人，后做官。好人不见得是好官，但好官必须是好人。

人格最重要，人格是一切价值的根本。只有人格，才具有绝对价值。

无论做官、做事、做学问，最根本的都是做人。"人"字一撇一捺，看起来简单，写起来利索，但真要把人做好，相当不易。

节操当珍重。重小节，堵小洞，小节不保，大节必损。

高尚的人品，是让人最能靠得住的知心朋友。

不要把本来属于自己的失误推卸给别人。因为，这样做对你的人品有影响。

塑造人格，实际上就是锻造质纯的自我，使自身价值更高贵。

人格是立身之本。没有人格，就失去了做人的资格。

你要珍重人格，就要守住诺言。

有人格才有官德，没人格就谈不上官德。

人格需要在实际生活中经过千锤百炼才能形成。

患难见真情，也见人格。

人没人格，即便有能也没用。

塑造人格，也就是维护尊严。

有错认错，人能谅解；有错不改，有失人格。

丧失自己的尊严，就等于丧失自己的人格。

尊重他人的人格，是一个人应该具备的基本道德品质。

世上什么最昂贵，人格、人品属首位。

人没有骨气，就会失去尊严和人格。

对人格的侮辱是最大的侮辱。如果一个人连人格都不顾，那么，这个人就没有廉耻之心。

你能不失人格，也就守住了尊严。

每个人都想成功，愿望是好的，但成功绝不能建立在损人利己的基础上。不然，就失去了人格。

当一个人的人格受到羞辱时而不敢回击，那就是懦夫！

人丢面子不要紧，但丢人格最耻辱。

穷困潦倒看气节，人无气节失人格。

# 正 气

从某种意义上说，人类的历史就是正与邪、善与恶、是与非相互斗争的历史。铲除邪恶、匡扶正义，是我们每个人的神圣职责。

站着说话身要直，为民做事腰杆硬。

骨气来自正义，正义不可战胜。

太迁就别人就是软弱的表现。

不恃强凌弱、不高高在上，老百姓最能看起你。

为官者应自觉倡导有见地性的"敢言"。但敢言要有勇气加正气，私心很重的人绝不会敢言。

做人讲正气，磊落亦坦然。

一身正气为人民，两袖清风公仆情。

正气无邪心坦荡，坚强有节骨方刚。

人有无私无畏的精神，才有无坚不摧的力量。

昂起头来走路，你会认准方向；挺直腰来做人，你会无所畏惧。

躬身做事，挺身做人，一身正气立天地。

昂首做人，潜心做事。

正义不怕邪说，身正办事硬朗。

人不能顶天，但要立地。走得正、站得直、坐得稳，乃做人之根本。

穷不变节，富不易志，忠贞不贰为大义。

真金不怕火炼，正义不怕邪恶。

伸张正义遭人嫉，匡正邪恶也值得。

一味乞求别人，就是缺乏骨气的表现。

见邪气而无回天之力去匡正，最让人痛心。

人要有正气。一个人有了正气，就会有大局至上的胸襟、公而忘私的精神、处事公道的风范、追求事业的赤诚。否则，一切都成空谈。

底气不足，说话不硬。

在你背叛正义的同时，你也陷入了邪恶的深渊，以敌为友、视民为敌，那你就会成为千古罪人，永远钉在耻辱柱上，翻不了身。

堂堂正正做人，兢兢业业干事，清清白白为官。

谁能在"红尘"当中把握自己，谁就能做一个堂堂正正的本分人。

容忍邪气，就等于扼杀正义。

明人不做暗事，处人光明磊落。

做人就要做爱憎分明、敢作敢为、永不言悔之人。

仁慈离不开正义，离开正义的仁慈是纵邪。

事实上，没有丑恶的存在，就没有正义的显现。

大凡正道之人，内心都有一个无形的、自我约束的"戒规"。没有这个"戒规"，其正道也就难以支撑了。

## 威　信

当头的要把握下情、理智地向部下发出指令。否则，部下对你的指令待答不理，你的权威也就大为削减了。

民心可亲不可违：亲者，众拥；违者，民反。

只要你以仁爱之心对别人，你就会得到更多人的支持和拥护。

当干部的为群众忙乎，如果能像忙自家的事一样，群众就会打心眼里感谢你，你在群众中的威信也就不树自高。

一个为官者要得到群众一时称赞并不难，难的是从政一生都能得到群众的真心拥护。

威信是能力和魄力的象征。没有能力和魄力，威信是很难树立的。

为官者能得到群众的支持，再难的事也就没有什么可怕的了。

为官者的最大收获，就是能得到老百姓的认可和拥护。

威靠自身的魅力而形成，人为地树威是威而无力的。

一个人受人尊敬和佩服，绝不因为他职位高、权力大，而是因其所具有的超乎他人的品德、能力、智慧、威仪、魅力等诸多要素决定的。

知荣辱方能塑美德，明廉耻才能树权威。

没有真诚，也就没有威信。

有个好口碑，是老百姓对一个干部的最高评价。

权威比权力更重要，因为权威让人打心眼里折服。

当官应守信，无信则无威。

细心的人才能察觉：越是官大越不摆架，越是官小越摆大架。从这一"大"一"小"中，我们就可窥见一个为官者的素质优劣、人品好坏和威信高低。

群众的喜欢和认可，就是对干部本人的最大褒奖。

为官者要敢于放权。对下属的工作只需作原则性的指导，而不必事必躬亲、过问太细。

当官不作威，官去有人偎。

为官自身正，威信自然来。

官大架子小，才高不自傲，最让人称道。

为官卸任后，才能看出掌权时一些人对你的情分真伪。

谁把自己的位子看得越高，谁在别人心目中的位置就越低。

实际上，有权力不一定有权威。但有权威可以使权力得以更好施展。

为什么有的干部威信低下，其中最重要的原因就是，言而无信、不守承诺。

作为领导，许诺要慎重。如果你前面说过、后面摆手，那么，你的威信就会在群众中大打折扣。

衡量人的威信，不在于官大而在于人心。

当官待人不傲慢，无权他人也敬你。

顺民心者聚人气；违民心者遭人弃。

## 爱　民

谁心里装着老百姓，老百姓心里就有谁。

为官之道，贵在安民；安民之要，贵在体察其疾苦。

百姓安，天下安。

官近百姓人尊敬。

为官者要谨记：多联系群众，少"打点"关系。

听民声、察民情、帮民难、解民忧、合民意、重民生，乃为官者之首责。

不为权所累，只为百姓忙。

为官者要心系百姓不忘本，察民情、听民声、重民意，把百姓的疾苦挂在心上，处处为他们排忧解难，做百姓称颂的官。

作为人民的公仆，一定要远距离对待名利、近距离对待百姓、等距离对待上司、零距离对待事业，努力做人民满意的人民公仆。

对各级领导干部来说，人民群众的事不应有大小之分。领导干部眼里的小事，往往就是群众的大事。群众看我们的干部，不仅是看为他们办了几件大事，更重要的是看平时能为他们解决哪些应急的小事。

作为人民的公务员应该经常这样想，我们的衣食住行都是老百姓给的，我们有什么理由不帮老百姓说话、办事情！

为官不忘民之本，从政当怀爱民心。

亲民的内在是爱民，爱民的根本是诚心。

为百姓做事不分官大官小，关键要有一颗真诚利民的心。

当干部就得为民谋利益，做不到这一点，就不配当干部。

作为领导，不熟悉下情是大忌，不亲近百姓最危险。

为官一任不愧民，留取美名传后人。

为民执著，公心为上；利他者利己，助人者自助。

以人为本，最根本的就是要解决好人民群众最关心、最直接、最现实的利益问题。

当官不搞终身制，为民才是终身的。

一个人做了官，切不可把"官位"看得过重，要把当官看作是一种为民谋利的工具，弃私欲、勤为政，一心一意为百姓，这样的官才受人尊敬。

当官不为民说话，迟早被民拉下马。

关爱百姓没商量。

没民哪有官，为官当为民。

当官做老爷，众叛亲离；为官爱百姓，众人偎你。

考验一个干部的觉悟高低，不仅要看他为人民、为社会贡献大小、服务好坏，更重要的是看他在个人利益与群众利益发生矛盾冲突时，能不能主动弃私为民，自觉把个人利益让给群众，处处先为群众着想。

为官不能为自己，为利要为百姓谋。

为民出于心，方可得民心。

能让老百姓没有距离感，这官就当进了老百姓心坎。

## 公　正

为人公正是对人的最大尊重。

能不能把一碗水端平，是检验一个干部是否公正的试金石。

公道正派是为官者的立身之本、从政之基、处事之要。

在大是大非面前，为官者一定要坚持原则，秉公办事。该办的事不仅要办，而且要快办；不该办的事坚决不办，谁说也不行。

办事不公没人听，为官谨言须慎行。

公心占大头，私情自然小。

坏事有轻有重，而公平正义无轻重。

对一个掌权人来说，你能公正地看待前任的工作，到时候接任你的人，也会用同样的办法评判你的工作。

为官者行使手中的权力，必须要有法律依据。越权行使，是无效行为。

凡事不仅要讲原则，而且要讲原则下的公平。

绝对公平不可能，相对公平当可追。

清心寡欲己身正，为民勤政孺子牛。

谁也别想从秉公的人那里得到"超人"的好处。

心中无私敢碰硬，手脚不净不敢吭。

贪为耻、廉为荣，正正派派受人敬。

私己无大志，公为天下人。

清正对己、公正对人，绝不为一己私利而放弃原则。

为人做事心不正，身后必定落骂名。

私心重，必遭他人轻；公心正，才能让人敬。

## 倡　廉

官清民风正，清官民称颂。

为官之道贵在廉政，唯廉政方能服众。

宁做清官苦一生，不当贪官落骂名。

一个人能做到不戚戚于贫贱，不汲汲于富贵，那就要具有不贪占之廉心。

做人德为先，为政廉在前。

为官者不仅要履职尽责，而且要秉公用权，既要干事又要清白，既要问责也要问廉。

不守清廉，不应为官。

该拿的拿去，不该拿的要多掂量。

丢西瓜而捧芝麻，贪小利而忘大义，这样的人最没出息。

乱中守稳，浊中守洁。

近贪一尺，远民一丈，做官廉洁，世代美传。

以贤人的高风亮节修身养性，以贪官绳之以法的教训自省自警。

廉洁勤政不为己，一身正气为百姓。

人处灯红酒绿的环境中，谁能不"下水"，谁就最可贵。

官无私欲说话硬。

清风凝正气，廉洁得人心。

不为利诱而动，永葆高洁品格。

要求人家成为廉洁的人，首先你自己是个廉洁的人。

脚踏实地行正道，为官清廉无后忧。

廉在心，方能止于腐。

廉洁从政心坦然，以权谋私寝难安。

可怕的不是腐败，而是对腐败的麻木和冷漠。

为官从政两袖清，越到晚年越自醒。

墨染白纸挥不去，官玷清白毁一生。

廉公挂在嘴头上，口是心非饱私囊。

无私心坦荡，为官最清爽。

## 拒 贪

把权看作是自己的，没有一个是不贪的。

贪婪是一种病，它的背后是填不满的欲坑。

如果一个人老是围绕私欲转，那么，他离限制自由的日子就不会太远。

官场有腐风，劝君要自醒。

谁能卸下"贪婪"的包袱，谁就能轻装上阵，真为百姓干点实事。

人活着，仅有聪明是不够的，还需要有理性思考，该要的要，不该要的绝不存非分之想。

大贪源自小贪，小贪大贪都是贪，贪必腐、腐必败。

腐败是一剂毒药。

专权必腐，腐者必焚。

拒绝贿赂，就是远离牢狱。

凡事都要看淡点，过于奢求栽跟头。

为官者切记：贪私欲，下监狱，悔恨终身。

无欲则刚，无私欲则坦荡。

贪念不止，囹圄近之。

私欲到了狂热的地步，生命也就走到了尽头。

心不想、手不贪、嘴不馋，做人是这样，做官更应如此。

人心不足蛇吞象，为官贪婪民遭殃。

劝君手莫贪，贪手必被捉。

把权当作牟取私利的工具，迟早会被"权"吞噬掉。

填不满的奢欲能使人窒息。

贪婪是一切罪恶之源。人之所以贪婪，并不完全因为是穷，关键是因其心不满足、一味奢求而造成。

行骗者之所以能骗取成功，往往有赖于被骗者的贪欲心理而促成。

真诚的人得到的再少总感到心满意足，而贪心的人得到的再多也总觉贪占太少。

人有七情六欲，总希望自己过得富足、快乐些，这是正常的。但如果脱离自己的实际，甚至追求不当的利益，其结果往往是有百害而无一利。

鱼贪饵吞钩，人贪财入狱。

一个人能抛弃杂念、全身心地去做好每一件事，那是非常可贵的。

对奢侈者来说，过清贫生活是难熬的。

奢侈不足取，知足是财富。

绳子断在细处，为官毁于贪字。

从满足人的欲望来讲，物质的欲求往往带来的只是感观上的暂时满足，而精神需要才是持久、深刻的。

为私欲而当官，官越大，危害越大。

人心当有尽，奢欲无尽毁自身。

人生善始当为贵，物必自腐虫滋生。

为官不过几十年，如果满脑子想的是权力、金钱、美色，不惜为之忙于算计、疲于奔命，甚至利令智昏、铤而走险，最终身败名裂不说，还将亵渎生命。

谁禁不住别人的诱惑，谁就会失掉自己的前程。

贪为私欲生，私欲是个无底洞。

人有很多美好的愿望，但绝不能有太多的奢望，特别是不能放纵自己的欲望。

在一些心术不正的人看来，谁攻占了权力，谁就拥有了别人不能而自己却能得到的东西。

为官畏权自收敛，权无约束贪泛滥。

不管世间如何变幻，只要心中保持一片净地，就不会被腐朽的东西所左右。

腐风花招变幻多，只需时刻要警惕。不失一足，心如石坚，不妄取一物，则腐风花招又奈我何？

一个人的最大悲哀就是精神沦丧；一个社会的最大悲哀就是腐败猖狂。

人心无尽。得到了，高兴；失去了，丧气。

需求，人不可少：学习、工作、生活、交往等，都在"需求"中实现着，都在实现中需求着。没有了需求，人也就没有了一切。然而"需求"一旦成为奢求，那就欲壑难填。

## 做 事

一个人只要干他想干的事，就有决心和毅力把它完成。

一个人与其把精力耗费在对过去的回忆里，倒不如抓紧时间干点眼前的事情。

有些问题，放在全局看，也许只是一件微不足道的小事，但对一个人、一个家庭来说，则往往是件大事。因此，"群众利益无小事"，各级领导干部应当时刻铭记在心。

事情不分大小，要做就要做好。

为百姓操心、替百姓办事、造福于百姓，乃为官者之天职。

高谈阔论者干不成事业，埋头苦干者定会有收获。

为人做事怎么样，众人评判才算数。

与其羡慕别人功成名就，倒不如自己脚踏实地干上一番。

领导者应淡化当官心理，强化奉献意识，把当官看成是做事，为了做事才当官，踏踏实实地为群众办实事、办好事、办让他们称心的事。

居官为民是每个干部的神圣职责。尤其是对当政者来说，不能为民办实事、解难事、做好事，不能"为官一任、造福一方"，那就是无能和失职。

要知道，有些事与其苦干，不如巧干，与其嫉妒别人，不如先从自己做起。

一个受人欢迎的干部，就要多做得人心、暖人心、稳人心的好事实事。

为官者既要善谋大事，又要去干实事，不能忽略群众的烦琐小事。

"想干事、会干事、干成事"，这是对领导干部的基本要求，也是创业干事的三个层次，"想干事"是思想认识问题，"会干事"是方法能力问题，而"干成事"则是最终需要达到的目标和结果。

为官一任，造福一方，办一件实事，暖一片人心。

一个人不论做什么事情，都要步步踩实、不踏空板。

干工作踏实认真，创先进不遗余力。

为官者要切记，无论干什么事情都要少一些水分，多一份"实在"；少一些空话，多一份效能。

对为官者来说，看准了的事情，说干就干，要干就干出个"名堂"来。

在各级官员中要大力提倡少空忙、别瞎忙、戒私忙、多真忙，切实为老百姓干点看得见、摸得着、人称好的事情来。

善于从大处着眼，从小处抓起，从全局考虑，从细微处入手，这是领导者做好工作的诀窍。

人活着就要做事，可同样是做事，由于目的和手段不同，其结果也就大相径庭。

谁做事无遗憾，谁心里就坦然。

行在言先，干后再说不晚。

无论做什么事情，重要的不是去做而是做好。

干什么事情都一样，从事平凡，不怕平凡，就能成就不平凡。

想做事不如去做事，去做事不如做成事。

老老实实做人、踏踏实实做事，就能赢得民心。

一个干部如果身在其位，不谋其政，整天怀揣"小九九"，尽打个人"小算盘"，在位时群众可能不敢讲，一旦"政声"人去后，群众就会戳你的脊梁骨。

做事应出于心，不出心做事不会有成效。

无论干什么事情，都要抱有踏石留印、抓铁有痕的态度才能干好。

冰下流水声不响，为人做事不声张。

一个人老是不紧不慢、不冷不热，没有激情、没有干劲，那是做不成什么大事的。

合己意的要干，不合己意而合他人利益的也要干。

能对自己做过的事感到无怨无悔，那才叫值得。

有心的人才能办成留意的事。

谁光说不做，谁就失信于民。到头来，有损的不是别人，正是空喊口号的人。

该办的事早办叫主动，拖后再办叫被动；主动受奖，被动挨罚，历来如此，理应谨记。

先想结果再做事，准备不足事不成。

人有心气，就有干劲；人没心气，就难干事。

有时，做自己该做的事还不

行，公众需要你做的而你能自觉做好才对。

把别人的事当成自己的事来做，准不惜力。

只有少说空话、多干实事的人，才受老百姓欢迎。

样样似懂非懂，最终啥事不成。

一个人无论做什么事情，都要心中有数、有主有从。否则，什么事情都办不好，甚至办不成。

为民办事，光说不成，贵在践行。

回过头来看看自己做过的事，只要问心无愧，那就值得。

## 表　率

一个单位的凝聚力强不强，往往与这个单位的领导水平关系密切。

"领导干部"既是职务，也是责任，更是行为标准，既要"领"好，又要"导"好，为广大人民群众服务好。

好官不仅应该是一个好人、清官，还应该是把理想和追求落实到自己工作岗位上的人。

领导者与其站在一旁指手画脚，倒不如亲自去干、为部下做出表率。

当头的该说的要说，说要讲技巧，还要带头干，不然就当不好领导。

用行动感化人比督促更管用。

当官责任重。要当官就要做到以正确的舆论引导人，以坚定的信念激励人，以高尚的人格感染人，以充足的理由说服人，以优良的作风凝聚人，以自身的表率带动人。

当头的干在前，无需多说，大家自会跟着来。

百姓心中有杆秤，这杆秤能称出干部水平的"斤两"，也能称出干部作为的多少。

榜样作为精神价值的载体，也是理想人格的个性张扬。有了好的榜样，就有了无穷的力量。

比号召更有力、更管用的招数，就是身先士卒、率先垂范。这既是无声的命令，又是动员群众的最好办法。

表率，无声的动员令。

将帅打冲锋，众兵杀敌勇。

领导的作风，决定其团队的步调。

动嘴百遍，不如一干。

## 民　声

群众测评没意见，并不说明你工作已经做到了尽善尽美，有时恰恰相反，鸦雀无声，反倒是工作中存在问题。

让人把话讲完，既是一个好的作风，也是一个调查所必需的过程。只有让人把话讲完，才有可能了解到一些鲜为人知的事实真相，同时也才能展示出一个人的细致、严谨、豁达、大度的人生风采。

听民声是一种导向、一种责任、一种优秀品质，是了解情况、科学决策、做好工作的途径、方法和基础。

真言未必悦耳，有时会使人脸红心跳、如芒刺背，这就需要有足够的勇气去面对。唯有如此，当领导的才能真正听到原汁原味的真话。

害怕真话是怯懦，掩饰真话是虚伪，而尊重真话是一种胸怀、一种智慧、一种美德。

当领导的肯听真话，群众才愿意向你讲真话。凡向真话摇头的人，说明你已同假话结了缘，这样的领导迟早是要吃大亏的。

倾听他人的意见，对普通人来说，是一种修养的表现；对领导干部来说，不仅是一种修养，更是一个最基本的工作方法和领导艺术。

倾听是一种明心见性、怡情忘机的人生态度。学会倾听，才不自满，才能展开心胸、增长见识，才能从容冷静地把握和处理好面临的一切。

当官不怕群众有意见，就怕不听群众的意见。

为官者能自觉放下架子，到群众中走一走、转一转，定能听到许多在办公室里所听不到的新鲜东西，这对于做好群众工作大有裨益。

考察一个干部是否履职尽责，不能光听他本人的述职，更重要的是要听他上下左右、圈内和圈外大多数人的声音。

凡视民众为父母之人，没有一个不听民声的。因为，民声来自最底层，并反映真情。所以，真理掌握在群众手中。

事实上，群众的牢骚话虽为气话，但它却是原汁原味的心里话。如果我们的领导能宽容为怀，冷静思考，自察自省，加强整改，那么群众的怨气就会消除，取而代之的是群众的拥护和支持。

刺耳的话不大中听，作为领导者如果能够主动捕捉这些信息中的积极因素，进而促成有关问题的解决，刺耳的话自然就会消失。

当官不纳民谏为大忌。

愿听民声，既体现对人民群众的尊重，又反映一个人的求实作风，更彰显为官者的人品修养。

一个领导干部能够认真倾听群众工作生活中的酸甜苦辣，说明他对群众是尊重、关心、爱护的。反之，就是对群众的不尊重，甚至是一种失职的表现、脱离群众的开始。

敢讲真话既反映一个人的品质，又需要有一种无所畏惧的胆量。

善听、少说、慎思，决定权由你掌握。

能把真话说出来比什么都痛快。

实际上，讲真话需要勇气，而听真话同样需要勇气，并且这个勇气还要更大、更足些才行。

听别人说，择其益而取之。

## 浮　夸

真实是浮夸的死对头，浮夸不止，真实难存。

戒浮夸没有百倍的决心和刚性的措施，不成。

让吹牛者丢官报税是个治本之策。

浮夸是成就事业的致命杀手。

做事图花帽，最令众人嫌。

求真务实，系公仆本色；虚假浮夸，乃市侩小人。

当干部就要用心为群众办实事，不搞花架子，更不能闭着眼睛想当然。

一个领导干部如无求真务实之心，下级就会有哗众取宠之意；如果你搞假把戏给上级看，下级也就会以同样的方式弄虚作假给你看。

充分肯定他人的工作，理性看待自己的努力，绝不能以自己的功劳掩盖他人的业绩，这是一个干部评价另一个干部应具有的求实精神。

虚报浮夸危害大，害民害己害国家。

真实，最具说服力。

虚报浮夸是权欲膨胀的一个显著表现。

凡有生命力的东西都是真实的，虚假绝不会长久。

求真务实是力戒浮躁的一剂良药。

请你记住一句话：别放大自己，也别缩小自己。

与其言过其实，不如不说为宜。

说出的话不像自己，最让人瞧不起。

"数字出干部"是极不正常的现象。作为基层干部不应当只重表格上的数字，更重要的还是要考虑群众的利益；作为上级部门，不应该把基层上报的数字作为考核干部的唯一依据，更重要的还是要考虑当地群众对官员的意见和群众对当地发展的认可程度。唯有如此，才能避免虚假数字的产生，群众才会满意。

宁听难听的实话，不听动听的假话。

对上司不切实际的发号施令，不理睬就是最好的抵抗。

不论干什么事情，都要保持实力、不吹过头。

作风不实，作秀难止。

一个实际大于九十九个口号。

说大话而不注重行动的人最让人反感，成功也绝不会垂青于这种人。

# 八　处世·诚信·友谊

## 处　世

以糊弄的态度对人对事，既是对工作的不负责任，也是对人的不尊重。

为人做事要诚实，人失名声难找回。

君子善谋事，小人好生非。

在特定的场合下，有话别说透还是好朋友。

当你损人声誉的时候，岂不知你已经损害了自己的声誉。

人缘好不外乎两种人：一种是与世无争的老好人，另一种是给他人留足面子、给自己留有余地，凡事高高挂起，以牺牲公众利益为代价的、没有原则、不负责任的人。

毁人的人，最终毁掉的是自己。

其实，人对生活的态度无非有两种：一种是不断地抱怨，另一种是不断地面对挑战。

求人办事难免有吃亏受气的情况，如果受了气，你不妨把注意力转移到解决问题的对策上，不要停留在与人争气上，否则，既伤害了身体，又增加了办事的难度。

真心为人，尽心做事。

不要为了自己的升迁而踩着别人的肩膀往上爬。

你可知道，做人把姿态放低些既可保护自己、融入人群，又可让人暗蓄力量、悄然潜行，在不显山不露水中成就辉煌。

与人方便才能与自己方便。

安家方能安心，安心才能治业。

为人处世要活便，但不可随便。否则，就失了原则、越了轨。

做人总有一个底线，这个底线就是不做有损于社会和人民的事。

其实，人与人相处难也不难，关键看你采取的是不是多为别人着想的向善态度。

岂不知，有些事不要在一棵树上吊死。学会灵活不失为为人处世的一个诀窍。

也许人就是这样：得宠的时候好忘形，一旦失宠就懊悔。

豪爽的人坦荡，刁滑的人耍奸。

看眼色行事虽机灵，但好坏是非要分清。

争取一个敌人，就等于给自己添一个帮手。

与人共事多言善，背后捣鬼自遭殃。

与人共事，要多记别人的好处，多看别人的长处，多想别人的难处，不自私、不嫉妒、不猜疑，让对方真正感到你是一个正直、和善、可处之人。

委任我官做好官，不任我官做好人。

轻易许诺，既伤人又损己，不如不许。

随机应变是处世之策，但要以克己利人为先。

人总有失意和困惑的时候，但如果你能换一个角度去看待这个问题，那么，你就会发现其中还有不少明亮的东西，你就不会再感到有什么失意和困惑了。

为人心正，待人平和。

人，不可惯。惯者无束惹麻烦。

厚道有人缘，刻薄无人偎。

不要感叹世态炎凉、人情淡薄，主要是你太在意自己想要的一切了。

有话就说，没话还是少说为好。

在某种情况下，化敌为友，乃人生最高境界。

方圆老道地与人处世，是做事成功的秘籍之一。

你能原谅别人，别人也能原谅你。

想不通的事情要看得开，干啥都不能钻牛角尖。

宁可清贫做人，不可为富不仁。

人活在世上，不要把个人的得失成败看得过重，不要计较别人怎么说，只要你自己努力过、奋斗过，做自己喜欢的事，按自己的路子走，外界的评论又算得了什么？

想得到别人的好处，首先给别人好处。

赞美自己也好，贬低自己也罢，都不要过于在意，自己还是自己，绝不被别人的口舌来左右自己。只有这样，才能按照自己的意愿去做自己能做的事。

当某人混得不如你的时候，若有事无事找到你，你能亲热一点、高看一眼，这时，他心里就有一种说不出的知足感。

亲戚再近，常不走动也生疏；朋友一般，经常来往也热乎。

酒越陈越香。

凡事不可做过头，留有余地好商量。

当你遇到尴尬的时候，要学会自我解围，或通过自嘲，或欲擒故纵，或将错就错，极尽各种自圆方法，巧舌以对，化负为正，在谈笑风生中消除尴尬。

在对某些事情的处理上，凡说"以后再说"的人，实际上就是"不再说"的另一种说法。

处世人人要学，但愿不要专攻。

无论干什么事情都要扬长避短，准确把握长在何处、短在何方。如果脱离实际一味盲从，势必造成下雨天背被子，越背越沉。

谁能看透别人，谁就不会上当。

出尔反尔实乃为人处世之大忌。

人在人眼下不得硬戗茬。要学会避其锋芒而对之，不然是要吃亏的。

小人不可低估，有时会置人死地。如果不是到了万不得已的时候，就不要去跟小人一般见识，不然，非吃大亏不可。

感恩既是一种生活态度，也是一种处世哲学，更是一种智慧品德和思想境界。

懂得吃亏、甘愿吃亏，的确是为人处世的一个智慧表现。

有些事不能过于偏激，要学会外圆内方才行。

有啥说啥、不隐瞒自己观点的人，好处；不吭不声、内心难以捉摸的人，要防。

岂不知，有什么样的处世原则，就有什么样的人际关系。

岂不知，聪明难、糊涂难，由聪明变糊涂更难，这就印证了清人郑板桥所说的一句话：难得糊涂。

在某些问题的处理上，变通不失为一种好办法。

宽人严己人服你，责人恕己人不服。

人能学会超脱、学会改变，也不失为一种崇高的境界。

在不完全了解对方的情况下，说话、办事要有意"留一手"，不然，今后给人留下把柄、使你吃亏。

谁没有非凡的韧劲与谨小慎微的心理防备，谁就很难在"夹缝"中求得生存、得以发展。

当你和刚愎自用、自以为是、无视他人意见的人一起共事的时候，如果你失于对对方的防范心理，那么，早晚吃亏的还是你自己。

方圆是处世之道。一个人如果能把方和圆智慧地结合起来，该圆则圆，该方则方，方到什么程度，圆到什么为止，恰到好处，那么，这个人离成功就不会多远。

人常说，同事一场不容易。一个人如果身边能有几个可以视为良师益友的同事，那么，你的进步就会显而易见。请你一定要相信，同事就是你身边最好的良师益友。

小气难为友，大气人缘多。

当有人想同你讲话却遭你拒绝的时候，无形中你就伤害了他的感情。如果这种情况多次出现，那么，这个人必然就会远离你、背弃你。因此，注重听取他人讲话，既是对人的尊重，也是交流感情、密切关系的必须。

生活中，凡谦让、诚恳、开朗之人，总能赢得更多朋友。相反，那种妄自尊大、满口假话、高看自己小看他人的人，总会引起众人不满。其结果只能是自己把自己推向孤立无援的境地。

有时，不学圆滑事难成，学了圆滑人难正。

# 交　往

如果你忽视日常和你接触的人，你就错过了解他人、影响他人的好机会。

在变化中把握人际关系，是人与人交往中的一门重要学问。

人与人之间和睦相处，是构建和谐社会的基础。

谁能学会给他人留足"面子"，谁就等于做事成功大半。

陌生的人应接触认识，认识的人要加深了解。

要知道，良好的人际关系有时就是一笔巨大的财富，必然会在你需要的时候给你丰厚的回报。

从某种意义上来说，太迁就别人，就等于丧失原则。

人只有抓住他人的心理，并使他人的愿望得到满足，这时你再要求他为你办事，他就会义无反顾地帮助你，绝不推辞。

交往无处不在。

与同事相处，吃点亏不无裨益。如果什么事情都想占便宜，连说话也要占上风，那么，到最后往往让人更加讨厌你，从而远离你。

记住：慎与不孝之人交往。

谁能控制好自己，谁就能处理好人际关系。

饶人一条路，伤人一堵墙，得饶人处且饶人，做事切莫太绝情。

人与人相处，不要轻易去否定另一个人的作用和价值，说不定关键的时候就能用着他。

拒绝微笑，就等于拒绝友好。

你能敬他人，他人便敬你。

凡看不起别人的人，别人也看不起你。

跟随领导，心领神会最重要。

不了解一个人，就不要妄加断言。

熟人之间常走动，不是亲戚胜亲戚。

交际关系不可不要，但不宜过分。

交往需掂量，好坏要分清。该交则交，不该交则拒之。

人都是有感情的。获得感情的唯一方法就是多交流、多联系。

打好腹稿再讲话，是避免语无伦次的最好方法。

人没交往，就没感情。

为人处世精明是应该的，但不宜过头，要适当才行。不然，就会酿成"聪明反被聪明误"的下场。

为人处世要实在，油腔滑调惹人嫌。

跟能力强的人交往，或多或少能学点东西。

不了解别人的时候，不要把心掏给别人。

在社交场上，当一个人因说话不得体而陷入难堪的境地时，你能给他一个"台阶"下，他不仅打内心感激你，而且你在他心目中也从此留下了好印象。

对看不透的人不要急于交往。

双方交往，只找己短，不忘人长。

常说别人"不"的人，不要和他讲"私话"。

别人的忠告要听，但好坏是非要辨清，不能一概听。

记住，凡有人对你说他忙，说明你在他心里并不重要。

一个人为什么老是上当，关

键是其心理防线失窃了。

喋喋不休地向人述说自己的荣耀过去，要看听者的表情：喜听，续讲；烦听，收场。不然，那就没趣、是不识相。

事实上，用心交往一个人，才能走进一个人。

尊重别人的想法和感受，是处理人际关系的一着妙棋。

人懂了就不要多说。

言多必失。有些场合，尤其是在交际场上，该说的话则说，不该说的话还是闭口为好。

事实上，你对别人友好，别人也对你友善。

岂不知，交谈也有讲究。一个

人如果不看对方的心理反应、一味将自己的想法统统"抖"出来，那么，就不一定能够得到对方的认同或接受，甚至反而是厌恶。

与强者打交道，使自己增才智。

很多时候，交往是以喜欢为前提的。人不喜欢，就难交往。

生活中，常使你开怀大笑的人，可近可处。

现实生活中，人与人交往莫过于相互间的真诚和坦诚、直率和敢言。除此，全是"泡沫之言"。

虚假为人难交友，诚实处人倍觉亲。

## 朋　友

交上恶人做朋友，是一生中的最大不幸。

真正好的朋友之间，根本不

存在什么输赢比赛。一个人的胜利，实际上就是两个人的收获。

当人蒙冤而受到冷眼时，如

有人还能像往常一样去亲近，众人就会说这人够朋友。

结交朋友就应该真诚相见，以心换心。

在一个人陷入困境的时候，最能看出谁是知心朋友，谁是甩手小人。

能交几个正直的朋友，乃人生一大幸事。

道我不足是知友，只说我好不知心。

好朋友要聚首，但不宜常聚首；与其交往过于密，不如适当有距离。

朋友不在多，知己一人就足够。

人生难觅一知己，有了知己应珍惜。

释放热量的房间比屋外的冬阳更能快速地使你脱掉身上的棉衣；知心朋友的劝说比任何人的训斥更能改变一个人的原有看法。

得知己者如得甘泉，乃一生幸事。

酒肉朋友不可交，一旦翻脸情义绝。

能同甘苦共患难的人，才是真心朋友。

交到家的朋友，话虽尖刻，却为你好。

真正的朋友不应该相互吹捧，而应当相互督促。

太熟的人客套，让人可笑。

真情付出、彼此尊重，是维系朋友长久的基础。

在朋友面前，"放开随和"乃关系密切的表现。

从某种意义上说，朋友就是财富。

朋友不可不交。但交往动机不纯，情感就不能真挚，朋友就不可能长久。

151

把朋友当自己，相处才长久。

为人厚道有人缘，做事奸猾无朋友。

朋友相处应尽量避免触及对方忌讳的事情，尤其是在公众的场合之下，更不能出朋友的丑。不然，朋友之间就会出现感情破裂，甚至化友为敌。

知己恭维少，初识客话多。

能给犯浑者泼点冷水的都是真朋友。

能在背后说你好的人，才是真朋友。

朋友间，争强好胜不可使。

有时，散伙的朋友不是因利益闹翻，而是因不懂得对对方谦让且言行过激而造成。

说白了，朋友就是般高的身份、相互的倾诉、支持和帮助。

## 交　友

读懂一个人不易，交上一个知己更难。

交个朋友并不难，难的是交一个知心好友。

交友也好，做事也罢，只要问心无愧就行了。

"变脸"朋友不可信，也不可处。用你时脸朝前，不用你时脸朝后，当面一套，背后一套，还会趋炎附势，甚至落井下石，让你总觉心灰意冷，不寒而栗。

交友贵交心，患难见真情。

真心诚意是交友的第一要素。

结交朋友，首先想到的是为对方做点什么，而不是从对方那里捞到什么。

交一恶人做朋友，迟早会被拉下水。

事实上，交朋友很简单，只要你把施恩于人和知恩图报放在心里就行了。

月是故乡明，人是一家亲。

如果你交了一个很有心计的人做朋友，那么，受害最深的还是你自己。

与人相处，多看别人的长处，少揭别人的短处。

猜疑是交友的致命大敌。

以心换心是交友待人的最好做法。

择善交友友情真，良莠不分害自身。

以利为友，利去情绝。

人之交往，贵在知心。

物以类聚，人以群分。有什么样的朋友，就有什么样的为人。

为人虚假无知友。

处人交心心贵诚。

夸你的人不一定真心，挑刺的人不一定恶意。

酒肉交朋友，相处难长久。

交友不欺真情义，诈心在前无朋友。

交友就要交能在危险时刻挺身而出拉你一把的人。

没有走近他人的人，难以了解他人的心。

当你最沮丧、最无助、最困顿的时候，如有人能陪你坐一坐、讲一些让你开心的事，那么，这人对你真的就不错。

对为官者来说，交友须知友、择友，多与普通百姓、模范人物、优秀专家学者打交道，有益于自己知民意、正德行、增才干。切不可自缚于"关系网"而不能自拔，落个毁已害人之下场。

别忘了：交友不仅讲情谊，还要重志向、看胸怀。

与人交，常接触感情深；关系近，不接触也疏远。

凡见权势就巴结的人，不可结为友。

注意：见人发达就趋奉、见人落魄就离弃，这样的人绝不可交。

注意：滥交朋友毁自己。

双方都有一颗明亮的心，这样的朋友相处无介意。

以利益相处的朋友，终因利益而离去。

你什么时候结交的朋友，你什么时候就有温馨的依靠。

## 礼 节

不拘礼仪的人，往往会受到别人的嘲讽和戏弄。

遇事让人一步，既是聪明之举，又是有礼的表现。

自然大方的礼节最显得高贵，放荡不羁的举动最令人厌恶。

礼仪是人际交往中不可缺少的东西。在交往过程中，既要重视，又不可过于计较，否则就会失去人与人之间的真诚和信任。

有礼受人尊重，无礼遭人厌恶。

个人的素质与能力是决定职场面试能否过关的重要因素，但如果忽略礼仪细节，也有可能败走麦城、难获成功。

明礼者知老知少，人皆敬之；无礼者自高自傲，人皆厌之。

一个人的言谈举止，往往彰显于细微的小节之中。

在职场招聘中，有时一个微小的行为举止可以决定一个人的命运和前程。

以礼待人，诚信为本。

礼仪不可缺，但也不宜过。

不顾忌别人的感受而硬说下去，实属对他人的一种藐视。

尊重，人人需要。没有尊重，便没有信任；尊重他人，也就等于尊重自己。

一个人不仅要学会做事的知识与技能，而且要学会做人的道德和修养，既知书又达礼。

一个人说话有度、交往有节、办事有据，往往能给人带来一种成熟、严谨和稳重的感觉。

与懂礼数的人交往，时间不长，你就可以从他们那里学到不少待人的道理。

知俗而不乱礼节。

给人台阶下、让人有尊严，这人永远都会感激你。

## 诚　信

诚信才能打动人心。

诚实是人缘的基础，不诚实就没有人缘。

谁把一颗真诚的心交给对方，对方也一定回报谁一份真挚浓厚的情。

诚实守信是一种道德力量，也是交往首选的一张名片。

事情往往就是这样：坚持诚实守信，也许一时不会带来直接回报，但必将因为能够经得起时间的考验而大大受益；违背诚实守信，也许一时会获得厚利，但终将因为危害公众利益而受到制裁。所以，只有诚实守信，才是最为长久的制胜之道。

诚信是一种宝贵的品质。人无信不立，每个人都应该从身边点滴事做起，把诚信当作为人民做事的准则，内化成一种"基因"，外化为一种习惯，言必信，行必果，立身诚信最重要。

诚信是推介个人的介绍信。

诚信无价，践诺是金。履行诺言是每个人肩上沉甸甸的责任，对人对己对社会都不是小事，须臾不可儿戏。

一个人不论在什么情况下办什么事情，都要对自己说过的话负责。食言是不得人心的。

信用比人的生命更长久。

讲诚信、守诺言不仅是做人最重要的品质之一，而且是构建和谐社会的一块基石。

人间因诚信而共荣。

诚信朋友多，失信人孤独。

诚信是一面镜子，是衡量人的道德品质高低的一个重要尺度。

诚信仅仅依靠自律和道德的力量，还难以真正平衡经济交往中的利益关系，必须辅以相应的经济手段和法制手段才能奏效。

诚信是一个人最基本的道德品质，是人安身立命之根本。

诚实守信要从工作生活中的点滴做起，做老实人、说老实话、干老实事。

兑现承诺对每个干部来说，既是压力也是动力，更是一种考验。只有兑现承诺，才能取信于民，才能得到人民群众的信任和支持。

诚信是经商者之魂，营造让人放心、称心的购物空间，乃商业经营可持续发展的正道。

诚信是社会的要求，也是做人的根本。诚实守信是中华民族的传统美德，传承千年而熠熠生辉、永不褪色。

真诚是人间最可贵的东西。

真诚就有力量。

诚实、友善应该成为你我的伙伴。

以诚立业，绝不能因小利而忘记大原则。

最诚实的人，有时最容易受骗上当。因为，他自己诚实，也相信别人说话、做事不会假。

用真诚去追求美好与和谐。

信誉是人生的最大财富。

一个人有良好的信誉，是走向成功不可缺少的前提条件。

一个人，不守信用就无法立身，不忠诚老实就会四处碰壁。

真诚藏于心，好表真诚并非真诚。

言而有信，信而有诚，诚得天下人。

为人言而有信，无信不立。

商海无涯"信"作舟。

行之以躬，不言而信，公德为先，忠信为宝。

凡不失诺言者，定会在行动上给公众以表示。

为官者若没有诚信，说话办事就会失去真实性、客观性，就会做出对下愚弄百姓、对上欺骗组织的事来，这是万不足取的。

做人不诚实，知底人抛弃。

恪守信义是立身交往的身份证，是一种高尚的品质和情操，既是对他人的尊重，也是对自己人格的呵护。

诚实比一切智谋都好，因为它是智谋的源泉。

在众人面前许下的诺言，或许自己记不住，但群众忘不掉，甚至到永远。

承诺，要有足够的把握才行。

157

实际上，凡事真实才感动，感动才精彩。

真诚需要行动，无行动的真诚是假意。

只有毫无保留地和盘托出，才能彰显一个人的真实。

一个人如果有了一颗真诚之心，久而久之就会感动他人之心。

一个随时准备用生命呵护你的人，要比送你玫瑰的爱情更值得托付一生。

说了不兑现，请你不要说。

小胜靠智，大胜靠德。诚信就是一种美德。

## 相　信

相信与怀疑是对立的，但又是相辅相成的。没有怀疑，也就无所谓相信。

被人相信也是他人对自己的一种认可。

不相互信任，就无法沟通和交流。

诚实是做人的根本，不诚实就难得到他人的信任。

无论友情和亲情，相互间的信任是无价的。谁一旦把它失去，谁就是拿再贵重的东西也赎不回来。

当老实人、说老实话、干老实事，看来与时下一些人不合拍，但最终受益的还是你自己，因为人家相信你。

自己连自己都不相信，就别指望别人能相信你。

相信自己，才能相信他人。

不上当或少上当的方法之一，就是不轻信别人。

相信是相处的基础，没有相信也就无法相处。

既不能不相信别人，也不能过分相信别人。正确做法是：把握分寸，掌握火候，能信之则信之，不能信之则远之。

不相信自己的能力却幻想能创下业绩，那是不可能的。

不相信奇迹的人永远创造不出奇迹。

要相信，办事情从坏处打算、朝最好处努力是没错的。

信任，产生力量。

让行动从豪言壮语中走出来，才令人信服。

不了解一个人，就难信任一个人。

宁信其行动，不信其誓言。

不信自己，难信他人。

领导的信任，就是对下属价值的一种肯定。这种肯定，既能使下属产生荣誉感和责任感，又能激发其内在动力，促进工作更好开展。

要想得到别人的信任，首先自己得要真诚。

信任是用真诚换来的。没有真诚，就没有信任。

只有双方完全信任，朋友相处才会长久。

相信现实，才能把握现实、应对现实。

相信别人是应该的。但绝不能不假思索地被动接受，要究其所说事情的另一面。如果与事实相悖，那就不可相信。

如果有人把你所说的话不当回事，那就说明你在他心里并不重要。

最好的表态是用事实说话。没有事实，说得再动听，也难让人相信。

## 理　解

理解是阻碍矛盾生成的隔离墙。

学会倾听他人意见，是对人的一种理解和尊重。

和解，是一个很难启齿，且又很难做到的事情，但为了构建和谐社会，我们必须学会它。

做人将心比心、以心换心，才能理解对方。

如果同事之间缺乏沟通，那么就会对问题的看法产生分歧，分歧的出现正是社会不和谐的表现。因此，加强沟通、相互联系，就显得十分重要。

多看别人的闪光点，就不会对别人的不足说三道四。

如果大家都来换位思考，不必要的纷争一定会越来越少。

时常有的人做事不被人理解，但时间一长，人们就会改变对他的看法。

理解是维护友谊的纽带。

沟通才能理解，理解才有合力。善于沟通是与人相处的一个基本功。

误会由沟通化解，矛盾由互谅解决。

彼此相处，互为理解最长久。

只要问心无愧，至于对方理不理解倒不重要。

沟通是消除误会、化解矛盾的手段，是拉近关系、互为理解的催化剂。

理解既是感情的纽带，又是心灵的桥梁。对于迷茫者来说，它是推动航程的风帆；对于徘徊者来说，它是坚定信念的路标。

只有愿意理解别人的人，别人才会愿意理解你。

及时沟通是消除误会、识别小人拨弄是非的清醒剂。

一片好心为别人，反遭误解最伤心。

理解是化解矛盾的清"淤"剂。

## 平　等

在办事问题上，不论生人熟人，都要平等对待。

人与人之间生来都是平等的。不平等有时是他人所为，但更多的时候是自己把自己给看低了。

要倡导一种平等对人、诚心待人的良好风尚，就必须做到关心人、理解人、尊重人。

平等是交友的基础。

平等待人朋友多，自恃高傲无人近。

平等是人与人相处的基础，没有平等也就没法相处。

平等对人人敬佩，诚心相处情意深。

平等是友谊的根基。没有平等，难来友谊。

人与人关系平等，只有在不抬高自己的情况下才能做到。

平等地对待每一个人，既是对别人的尊重，也能使别人感觉你可亲。

一味看高自己、不把别人放在眼里的人，没有一个人能和他人平等相处的人，更谈不上有什么知心朋友。

平等是交往的首张牌。

## 偏　见

偏见和成见是影响判断、决策的大敌。

谁带着"有色眼镜"看人，谁的心灵就会被偏见所俘虏。

偏见就是认识上的偏差。

心存偏见的人，永远做不出正确的结论。

有了偏见不矫正，那是非常有害的。

克服偏见的做法就是多听各方面的意见，然后再进行分析、归纳，最后作出正确判断。

偏见，只有在事实面前才改变。

心存偏见，绝不会正确对待人和事。

听话听音、刨树刨根，偏听偏信害死人。

偏见者心胸狭窄、固执己见、一叶障目，这是非常有害的。

心存偏见的人，大都很固执。

偏见，既使己暗又损他人。

偏听偏信是颠倒黑白、制造冤案的根源之一。

人带偏见，就别想把事情处理周全。

摘除有色镜，切莫小看人，"小人物"照样干出"大事业"。

## 批　评

刺耳的真话虽不中听，但它比悦耳的谎话要中用得多。

批评是友谊的基础。真正的友谊是建立在相互批评、共同进步的基础上，没有批评也就无所谓友谊。

谁善于接受别人的批评，谁的长进就快。

看问题顽固的人，很难听进他人的意见。

批评虽然会给被批评者带来压力，但压力也是动力，更是活力。

批评如同良药，沉默未必是金。

批评他人要识人知性，把握时机。不然，适得其反，不利团结，有悖批评之目的。

修身以不护短为第一长进，批评与自我批评就是修身之需要。

健康的批评，要按照"团结——批评和自我批评——团结"的方式进行，达到和风细雨、润物无声的境界，令人心悦诚服。

多一个提诚恳意见的人，等于多交上一个真心的朋友。

善于运用暗示与提醒、批评与让步等方式，是解决人与人之间矛盾纠纷的上乘之举。

批评跟做其他事情一样，既要讲究方法，也要讲究艺术。不然，就会事倍功半、适得其反。

人是要脸面的。有的人犯了点错，只要点到就行了，切莫反复唠叨、反复讲。否则，就会适得其反，甚至出现"顶牛"现象。

有人给你泼冷水固然不好，

但当你骄傲或做不切实际的事情时，必须泼冷水。

批评看似苦的，但批评后有了长进却是甜的。

不要记恨对你提过批评意见的人，因为他这样做对你的进步有好处。

凡听不进他人意见的人，没有一个是不走弯路的人。

批评越尖刻，越要耐着性子听下去，这才叫心胸开阔、虚怀若谷。

批评要得法。如果习惯以训斥求驯服，结果只能是压而不服。

"挑刺"虽不合口味，但对人确有帮助。

板着面孔教训人，不如温柔化矛盾。

人人都会犯错误，但人人都有脾气、性格和自尊心。因此，批评要因人而异、讲究方法，更不能伤害他人的自尊心。

以事比事、以人比人是我们常用的劝人方法。但有时也不能乱比一通，要因事因人而异，否则，就会伤害对方的自尊心，结果只能越劝越糟。

一个贤明的领导者，最善于从批评中认识自我。

当头的只有虚心听取下属的意见，下属才会诚恳地接受你的批评。

作为领导，如果别人的意见与自己的意见出现分歧，可你能用说服的方法来表达自己的意见而不去批评别人，那你的做法就高人一筹。

总认为自己是对的，本身就是一个错误。

把别人的批评看作是帮助自己进步的动力，实属难得的境界。

批评也是一种关爱。只要大家都能以关爱的心态去批评别人，以接受别人关爱的心态去接受批评，那么，你今后的路程就会越走越通畅。

批评，让人有压力，也促人能上进。

求全责备的批评，是不足取的。

谁把批评当帮助，谁就能进步。

"怪"话不是坏话，怪话当中有善言。听怪话也需要一种胸怀。

纵容别人的错误，就等于扼杀别人的前程。

要知道，批评他人最忌的就是夹杂个人恩怨。

不知你留意没有，眼下不少人很"顾颜"，听不得半点逆耳之言。稍不如意，或如坐针毡，或怀恨在心，或暗地作梗，或明里吵闹，甚至大打出手。这种人，断定成不了大气候、做不成大事情。

谁对别人提出的批评怀有感激之心，谁就能自觉、情愿地改掉自身的缺点和不足。

老看周围的人不好，那你就值得检讨。

批评要重证据，既不能道听途说、捕风捉影，也不能轻信反映、乱训一通。

能从别人那里找出遭受挫折的根源，要比自己遇挫后吸取教训划算得多。

对诤言的接纳，聪明人才能做到。

听知友一句忠告，比得到什么礼物都好。

人无完人，干工作也是一样。一个人活干得越多，越容易出错或遗漏，越会挨领导批评。从这个意义上讲，干工作受批评也就不足为奇了。

## 帮 助

多与别人对话，有助于提高自己的思辨能力和演说能力。

凡能为别人付出时间和心力的人，才是真正的富足之人。

帮人要出于心。不情愿、不礼貌的赏赐，给了人家也不感激。

生活中，任何人都离不开他人的帮助。因此，多个朋友多条路，多个仇人多堵墙。

当别人患难时伸出援手，当自己遇难时就有帮手。

人生活在社会中，人与社会是一个整体，帮助别人就是帮助自己，有了社会整体的进步，才可能有完善的个人发展。

助人也是助己，受助者在物质上得到援助，助人者在心灵上得到了满足，这就是人们常说的善在其中，乐在其中。

什么最伟大？我的理解很简单：只要无条件帮助别人，就是最伟大。

滴水之恩当涌泉相报。穷也罢，富也罢，凡帮助过你的人，你都不能忘记他。

不要完全依赖别人帮忙，最好的帮手就是自己。

关爱他人、扶弱济困、乐善好施，是我们每个人应该具有的道德品质，也是社会文明进步的一个基本尺度。

不谙世事的孩童，也许会留恋你温热的怀抱，当其长大后，他一定会感恩对他关怀备至的人。

规劝前置，能使人少犯错误或不犯错误。

人生在世，如果能做出一番轰轰烈烈的大事业、立一番济世

安邦的大功德，这当然好。然而，对大多数人来说，若不是出于某种目的和功利，而心甘情愿地行善道、做善事，自觉自愿地帮助别人不图报，那就是一个高尚的人、一个受人尊敬的人。

人生在世，多做些有益于人民的事，活着才有意义。

给人面子，实际上就是给自己以后留下方便。

身处困境想援助，平日就得多帮人。

每个人都不要抱怨社会，只要你拿出真情去对待和帮助生命中每一个相识的人，你就会觉得你自己是社会最需要的人，你活着的生命才更有价值。

凡事求自己比求别人更便利、更尽心。

正确的东西能得到对方表扬，错误的东西能得到对方批评，这样的人对你的进步的确有帮助。

你可知道，劝告别人如果不顾及对方的感受，说得再好也没用。

不知道帮助别人的人，也很难得到别人的帮助。

当人受到委屈时，你能及时给人以安慰和体贴，说明你是个善良、可亲之人。

现实生活中，人们会经常说到"不"字，但在拒绝别人的时候，能主动替对方考虑一下退路或补救措施，而使其不至于陷入绝望的境地，岂不更好！

有时，无意中的帮人往往能得到他人后来的帮助，并且使自己的事业取得成功。这就是：有意栽花花不开，无意插柳柳成荫。

人心都是相通的。倘若一个人需要帮助而得不到帮助，其周围的人也会感到一种说不出的滋味；同样，如果一个人需要帮助而得到了帮助，即便与被帮助者一点瓜葛也没有的人，也会感到有一种莫大的慰藉。

有时候，不是自己的问题，

不是自己的过失，而能替别人"代罪"却不声辩，这需要承受很大的压力，没有顾全大局的意识，没有豁达大度的胸襟，那是很难做到的。

关心别人是快乐的，关心自己是幸福的。因为，人的生命只有一次，善待他人也就等于善待自己。

痛，对医治人的麻木有帮助。

助人者自助，损人者自损。

倾心为他人而不图回报，最让人敬重。

当俩人发生矛盾争执后，经过一段时间的冷思考，双方都感到自己做得有欠缺，但谁都不愿先开口，这时如能有人在中间"撮合"，那是再好不过的了。

因做事欠妥能劝你的人，都是对你不外的人。

不声不响地为人送温暖，比大张旗鼓地嘘寒问暖更让人感到心诚一点。

你可知道，好朋友当面训你而背后帮你。

知心人的一个提醒或劝告，往往能使人把某种恶习或缺点改掉。

岂不知，能得到别人的帮助是幸福的，但绝不能苛求别人帮助。不然，那就是强人所难了。

帮忙要出于心，不出心的帮忙是应付。

帮别人理所应当。但有两种人还是少帮为好：一是极端自私的人；二是依赖性很强的人。因为，这两种人无论你怎么帮他，到头来他都会坑害你、背叛你，让你"哑巴吃黄连，有口说不出"。

你可用爱得到别人的帮助，你也可用恨失去别人的帮助。

## 友　谊

互谅互帮增友谊，相生相惜创和谐。

有福同享，有难同当，乃友谊长久之基础。

只有会珍惜友谊的人，才能使友谊之花常开。

友谊的基点在真诚，真诚的友谊才长久。

没有尊重就没有友谊，友谊的根基在于尊重。

友谊需要真心呵护。

友谊经风雨、历艰险，才坚如磐石、牢不可破。

友谊诚可贵，患难见真情。

厚谊共长久，真诚朋友多。

彼此相互尊重，友谊才能长存。

友谊不是利益上的相予，而是真诚上的相待。

友谊既能增进快乐，也能给人止痛。

友谊是金钱买不到的，必须用诚心和深情才能换得。

友谊是长期相处、互相尊重的结晶。

彼此尊重是友谊的基础，没有尊重，也就没有友谊。

互谅是友谊长久的黏合剂。

友谊是心与心相互交流的结晶。

交往是友谊的前提，友谊必须从交往开始。

在苦难中结下的友谊最深厚。

友谊只有建立在志同道合、

以心换心的基础上，才坚实、才牢固，也才长久。

冷漠与猜疑是扼杀友谊的两剂毒药。

友谊是心灵的传递。

## 友　情

友情犹如陈窖酒，时间越长越香醇。

友情是心与心的真诚交换。

友情的基点在于真诚，没有真诚也就谈不上友情。

经过摔打后的友情最真挚。

友情就是心与心的交融。

真正的友情来自真诚的心。

友情需要时间考验，时间越长情谊越深。

没有友情的人是孤单、凄凉的。

友情不是人情，人情在乎面子，友情在乎真诚，二者不能混用。

欠情如欠债，不还心不安。

友情靠呵护，情意深又长。

钱丢可挽回，情断难补救。

送人东西而有所图，不是情分而是交易。

情相近、志相投，是人与人友好相处的根基和保证。

情义再深理为先，光讲情义惹麻烦。

# 九　心灵·情感·挚爱

## 心　灵

能给自己的心灵保留一片净土，实际上就是对权欲、物欲的一种抗击。

生活中，既要注重外表的打扮，更要注重心灵的净化。只有这样，才能显示出一个人的高雅品位。

自我放得越大，心灵就越狭小；达到无我境地，心灵就最广阔。

具有纯洁之心，必结真诚之果。

纯洁的心灵受人敬。

人的心灵有美有丑，而决定美丑的载体就是行为。

一个人最为可贵的是在经历风风雨雨、是是非非之后，仍能保持一颗澄净真诚的心。

人的容貌可以靠打扮来修饰，但美好的心灵只有靠人的德行来铸塑。

人的心灵是无形的，但其指令下的行为是有形的，且能辨出美丑。

心灵美无法抵抗，外表美易于损伤。

人相近，不相知，捉摸不透；人相远，心相知，息息相通。

说实话，失去真爱固然是最珍贵的爱；由爱所带来的痛，也是最深刻的痛；而由痛转化成心灵的升华，才是人类最宝贵的精神财富。

无所事事并非是福，心灵空虚比什么都痛苦。

心灵美的人，永远给人以美的记忆。

高尚，在于人的心灵而不在于人的躯壳。

人心深处无法丈量，但心灵好坏可以用行为衡量。

面善多为心善，但应观其行而不可局于容。

外伤好治，心病难医；药不对症，越治越重。

人的心灵就像一张白纸，一旦被墨污染，那就挥之不去而留下终身悔恨和遗憾。

凡患得患失之人，不会有宽广的胸怀，不会有坦然的心境，也就不可能把事情做圆满。

任何人的内心深处都有善与恶的斗争。善占上风，就做好事；恶占上风，就干坏事。

谁能把美的东西展示给别人，谁就在别人心里留下了美感。

违心，软弱的表现、真实的背叛。

心与心的距离，说近就近，说远也远；近可重叠，远无天边。

心灵的美丑决定行为的好坏。

凡心灵空虚的人，没有一个是幸福的。

忙碌与充实是医治心灵空虚的最佳药方。

和同事相处，与其紧盯别人

的短处，不如欣赏别人的长处，这不仅是对他人的鼓励，也是对自己心灵的净化。

心灵受伤比身体受伤更难治。

广交心灵美的人，自己的内心必能得到净化。

心里有颗太阳，无论走到哪里都会把光明带到哪里。

光看姿色、不重心灵，后悔自咎没说的。

## 情　感

要知道，人之所以为人，是因为人有情感，有爱有恨，爱憎分明。

以情感人，以情动人是说服人的最好方法，那种空洞的说教，往往难以被人理解和接受。

谁被自己的情绪所控制，谁就更不自由了。

情感这东西人人都有，消极的情感使人颓废，积极的情感催人上进。

情感是由人的内心活动决定的。

情感是美好的，但情感也是最能伤人的一把利剑。

事实上，在每个人的情感世界里，都有一处柔软的部位，无论岁月沧桑，无论物是人非，触及它的时候，都有一种撕心裂肺的疼痛，疼得必须撒手丢掉心中的恶和恨。

理性一旦被亲情赤化，犹如烈马被系上缰绳一样，乖乖依从。

当人受到冷落的时候，心理的滋味挺不好受，但要察其原因，切不可作出不恰当的回应。

温馨而缠绵的感情，便是爱

的产生。

只有对事业抱有感情，才能有所作为。

温馨犹如出外回家的那种感觉。

情感，只有从内心流露才真挚。

人没情感太冷漠，太重情感也惹祸。

情感是丰富的，也是脆弱的，把握得好，情深义重；把握不好，势不两立。

当情感与理智发生矛盾冲突时，要学会调整两者之间的关系，不然，就会犯浑、做傻事。

一句温馨的提示，可以营造出充满和谐的氛围。

丹心铸就忠诚，挚情升华人生。

信任是情感沟通的基础。没有信任，情感也就无法沟通。

交流才有感情。

情感需要理智掌舵，不然就会招致不幸。

过度冷淡会使人感到无情，并难以接近。

情感脆弱之人，经不起挫折的打击。

情感来不得半点虚伪，否则就不是真正的情感。

谁能控制自己的情感，谁就不会做出无礼的举动。

真情不真情，遇险能看清。

情感的疏远，都是因长期不交流而造成。

在情感问题上，有许多人都经历过这样的情况：想要的得不到，不想要的甩不掉。

情感具有两面性，既可成其事，也可败其中，关键看你如何把握和控制。

感情是脆弱的。唯有常呵护，才能更牢固。

内疚是自醒的开始，也是对过去做事欠妥的一种忏悔。

人非草木，孰能无情。聪明的人总会利用感情投资的方式，来赢得他人的信任和支持。

你可知道，人要留人留不住，情"拴"人心最牢固。

岂不知，真心地给予，才能得到真诚的感激。

## 挚　爱

其实多数男人的致命弱点，就是抵不住女人的温情诱惑。

没有人情，就没有温暖，多点人情味，人间才温暖。

一个被人关爱的人是幸福的，一个关爱别人的人是快乐的。

想得到别人的关爱，就得先去关爱别人。

爱情能给人带来幸福，也能给人带来灾难。

爱，需要用心感悟和交流。

爱是生命的永恒。

有道是，爱的火花一旦燃烧起来，要熄灭它可不是一件容易的事。

爱到最后才是真。

爱是生命的灯塔。没有它，人生将变得漆黑一团。

爱是心与心相撞的火花。

爱就是这样，有时可遇不可求。

爱，也能创造奇迹。

爱的本身就是一种相互给予，当你给对方爱的时候，别忘了给他留一点爱的空间。

爱是生命的种子，没有爱便没有人类的一切。

爱是滋润心田的甘露，生活在一个人人都有爱心、处处都充满爱的世界里，是人类文明社会的追求和梦想。

爱人的人被人爱。

事实上，爱有多种，但最重要的是要给孩子一个科学、理智的爱。

从某种意义上说，放弃也是一种爱。

在某些人眼里，爱是自私的，也是排他的。

有爱就要大胆地去追求，切莫让缘分擦肩而过。

当爱失去之后，才知爱的珍贵。一个人在面对失去爱时所采取的态度，实际上也昭示某个人人品的高贵或卑劣、勇敢或懦弱、伟大或渺小。

爱来自内心。没有发自内心的爱，就不是真挚的爱。

美好的爱情，需要靠双方共同培植、呵护和营造。

人间充满爱，爱在人心中。

真诚的爱可以不顾一切，甚至生命。

爱情是圣洁的，不允许任何人玷污。

爱情能给人力量，并且是巨大的力量。

爱情不允许欺骗，欺骗的爱情是短命的。

其实，爱情也是一种相互体贴、呵护的代名词。

爱情是所有情感花卉中的最艳一朵。

初恋多没结果，只是在对往日的回忆中感到美好。

爱情容不得猜疑，猜疑是爱情破裂的开始。

情人眼里看不到缺点。

真正的爱情是永不凋谢的花朵。

爱情不分国界，有情便可相爱。

爱情的失落比什么都痛苦。

爱情，说到底就是两颗心的重叠。

互敬互爱，乃人的天性使然。

情从处中来，爱由心中生。

尊重人、关心人、爱护人，是以人为本的根本。

真心爱你的人，才是你值得托付的人。

大爱无声胜有声，自觉行动最真诚。

爱有神奇的力量，它能将多年的积怨化解，将不可能的事变成现实。

爱是无形的箭，弄不好，就会中箭身亡。

人是社会的人，一切都有赖于同他人互相互爱。讲仁慈，讲友爱，能使人生变得充实而富有意义。

事实上，真正的爱情是给对方以快乐。

爱心不分多少，只要愿意付出，你就是仁爱之人。

没有波折的婚姻是脆弱的。

爱的力量很大，爱能唤醒沉睡的心。

由爱转成仇，"过分"是凶手。

严和爱是教育孩子的有效方法。

有时候，严厉也是一种疼爱。

关爱他人，必从"心"开始。没有真心的付出，一切便成假意。

有缘不约自见，无缘相见不言。

岂不知，一分钟的爱情，往往需要一辈子的经营。

爱是真心相许、生命相托。

爱无奉献难成爱，大爱无声胜有声。

大爱无限。它可超过亲情和血缘。

恨你不成器的人，都是最疼你的人。

母爱是世界上最伟大、最纯洁的爱。

其实，有爱就有力量、就有和谐、就有温暖、就有人类的繁衍和发展。

爱无理由。

## 情　绪

喜怒哀乐是从内心发出的信号，并从人的脸上表现出来。

人切勿在情绪冲动时做事，不然就会酿成灾祸。

动怒者五脏受损，得不偿失。

人能尽量少发怒，甚至不发怒，乃保持健康的聪明之举。

要知道，一时的冲动，可能要付出一生的代价。

心态决定状态，状态决定成败。干什么事都要保持一个良好的心态。没有好心态，干什么事情都干不好或干不成。

人一旦拥有了热忱，就可以做出诸多原本以为做不到的事情。

热情绝不会向冷漠拜年，冷漠也绝不会向热情问好。

好感的真谛在于喜欢，没有喜欢就没有好感。

在很多情况下，人的痛苦与快乐，往往并不是客观环境的优劣决定的，而是自己的心态决定的。

期待是一种既痛苦又温馨的感觉。

一个人的工作效率高不高，无不与人的情绪相关联。情绪好，就心情舒畅、精力充沛，自然效率就高。相反，心神不宁，缺乏激情，工作任务就很难完成。因此，关注人的情绪是一个精明领导者的一大高招。

从一定意义上讲，心态如何，能决定一个人的成败如何。

热情能改变一个人对你的冰冷态度。

窝火是心胸开朗的大敌。

凡不了解内情而发怒，大都以羞愧自惭而告终。

一个人只要能控制住自己的情绪，就没有处理不好的事情。

冷静是克制情绪冲动的最好办法。

一个人无论处于困境或紧急情况，其主观情绪对自己的影响，几乎都是起决定性作用的。

别人左右不了你的情绪，只有靠自己才能控制住自己。

忍耐是抑制内心愤怒的妙招。

人在生活中所遇的一些磕磕碰碰，完全可以一笑了之，不必过多地纠缠于失落的情绪当中。

人受冤枉、打击能放开，那就没有过不去的坎。

人的情绪能被理智所控制，这是最聪明的做法。

学会自控，才不至于冲动。

一个人生气发火，往往是因遇事愤怒、不顾一切、情绪冲动而造成。如果这时你能有意识地冷静下来、权衡利弊，那么，其结果就会大不一样。

控制情绪才能稳住局面，冲动最易引发混乱。

官位的转换，直接影响人的心态变化。这种变化，尤其是那些视官位特别重的人表现最明显，这就是：由低向高，喜上眉梢；由高到低，满腹牢骚。

## 快 乐

把苦闷埋在心里，让快乐充满生活。

当一个人把一件事做到尽善尽美的时候，这时他心里总有一种说不出的快乐和自信。

做有益于人民的事，本身就是一种快乐。

谁能保持乐观向上的心态，谁就能战胜困难、夺取胜利。

伸出你的双手，敞开你的心扉，多一份怜悯、多一份仁爱，这将给你的生活带来幸福和快乐。

乐观向上是一种良好的心态，能挫败一切痛苦和烦恼，给人的生活以勇气、信心和力量。

抛弃奢望的负担，轻轻松松地去享受人生的快乐。

乐观是一种比金钱还要宝贵的财富。

人，只要如愿了自己想做的事，那就是快乐的。

收获是幸福的，付出同样也快乐。

人离功名利禄远点没啥，但离快乐越近越好。

在某些利益问题上，一个人能适度考虑自己更恰当、更高尚、更快乐。

快乐莫过于为百姓做好事。

学会赏识别人，不仅能给别人带来快乐，同时也能给自己带来快乐。

快乐是一种适意状态。追求快乐是人生不可缺少的精神动力。

心静则思远，大度则豁达；知足能常乐，能忍则自安。

满眼沙漠并不可怕，可怕的是心中没有绿洲。

抱有乐观态度的人，永远对生活充满希望。

乐观主义态度是战胜困难的动力。

快乐度人生，惆怅伤身体。

健康需要快乐，快乐是健康的补品。

失败固然不好，但交了学费、长了见识。仅此一点，也值得庆幸。

快乐靠自己支配。要知道，我们所处的当今社会，无论人、事、物及环境都很容易影响我们的情绪起伏，可千万别忘记了，不要为别人的一句话而沉闷太久。不然，就会伤其神、损其身、影响健康。

生活在希望里的人最快乐。

以别人快乐为快乐，这样的人生最幸福。

人各有乐趣，助人者最有乐趣。

百姓对你的亲热就是最大的快乐。

把苦留给自己，把甜让给别人，虽然自己苦点但苦中有乐。

穷快活胜过富烦恼。

能按自己的意愿去做，无论多艰苦，都是快乐的。

魔术是一种巧妙的功夫，同时也是一种启智、开心的艺术。

光埋头工作而不会娱乐的人，工作的持续性就不会太久。

助人为乐，乐在排忧解难上。

无聊的娱乐是对生活的亵渎。

生活烦事多，明智寻快乐。

人以适意为悦，乐以适意为上。

其实，当爱成为人们的一种习惯时，我们的社会才充满和谐和快乐。

能给别人一个关怀的眼神、一个灿烂的微笑、一个温暖的拥抱，那是非常快乐、非常开心的一件事。

健康的心态催开愉悦的花朵，真正的快乐是人心理上的平和。没有好的心态，就谈不上健康、幸福和快乐。

人的精神达到一定境界时，才能不为物质生活所累，才能有一种平和而去繁杂的乐观态度。

面对生活压力，一个人要学会快乐，既要让自己快乐，也要让他人快乐，让自己快乐的心成为和煦的阳光，去普射他人、温暖他人，使他人能够从自己的快乐中分享快乐。

娱乐是一种放松，有准备的娱乐不是真正的娱乐。

不会娱乐的人就不会工作，娱乐与工作同等重要，缺哪个都是有害的。

与众人同乐，才是真正的快乐。

在快乐中学习，在学习中寻找快乐。

事实上，当你给别人快乐时，你就拥有了双份快乐。

能在欢快的氛围里达成某种意向，要比在严肃的场合下好上百倍。

回忆往事不遗憾，最让人欣慰。

谁不过于计较个人得失，谁就最开心。

付出了，能得到回报最快乐。

岂不知，生活快乐不快乐，完全取决于一个人对人、对事、对物的看法如何。

## 忧　伤

行动是治疗忧伤的一剂良药。

悲伤随时间而减轻，并逐渐消失。

不要和离去的悲伤打招呼。

悲伤来了应冷静，抑制悲伤最聪明。

悲伤临头须节制，过度悲伤损身体。

其实，把心中的悲痛宣泄出来，也是一种释放和解脱。

麻醉人的思想，比伤害人的肢体更残酷。

导致精神崩溃的原因之一，就是心理负担过重而引起的。

法不治权最悲哀。

帮你消除心中忧伤的最好办法就是读书。

人在高兴的时候，切莫说起伤心的事，以免引起不愉快。然而，人在伤心时，如能说些高兴的事，那么伤心就会随之而减轻。

不为旧愁掉新泪，乐观向上人健康。

悲观的人只会抱怨命运不公，而乐观的人总是为自己寻找快乐。

内心被快乐占领，忧伤就自然溜走。

悲观、忧郁和烦闷，不仅会摧残人的精力和意志，甚至有时还能置人于死地。

人最可悲的是，身体健全而心理残障。

岂不知，顾长远，方能解后忧。

## 同　情

同情好比青霉素，用得好消炎去病，用不好夺人性命。

同情，乃人的本性。没有同情，也就没有人味。

怜悯之心人皆有之，但怜悯的对象各有不同。

同情之心不可无，但同情的对象必须看清楚。

不劳而获、渴求施舍，装出一副穷酸相，这种人不可同情。

该同情的则同情，不该同情的绝不要怜悯。

能在别人遭难时伸出援助之手，实乃同情心之所使。

谁面对别人的不幸而冷漠，谁就缺少同情心。

谁对别人的痛苦袖手旁观，谁就失掉了同情心。

面容冷酷不等于内心无情。

对别人的难处，仁慈的人很容易付出自己的同情心，并自愿给人以诸方面的帮助。

你可知道，一句表示同情的话或一个富有同情的手势动作，都会给人以温暖，让人有一种说不出的亲热感。

为别人的痛苦而流泪，能给予帮助而不袖手旁观，这样的人最有同情心。

从内心流露出来的怜悯，且

在行动上又有表示，这才是最真挚的同情。

平时总觉亲，遇险见真心。

关照，在饥饿、重病中彰显。

人不能没有同情心，但过度同情有时会使人放弃做人的责任，放纵不理智的贪欲。

## 激　情

热情与激情都有很大价值，但绝不能因此而忘乎所以，必须恰当支配。

一个人必须要有拥抱生活的激情、永不服输的锐气、充满挚爱的责任、矢志不渝的信仰，做一个堂堂正正的大写之人。

眼泪本是咸的。但激动的泪水往往让你感觉不到咸而是一种甜。相反，痛心的眼泪往往只能向肚里流，这时它不仅咸而且更苦。

一个人如果能用自己的行为让众人产生无穷的激情和感动，那才叫了不起。

热情是从人的内心里迸发出来的一种力量。它可以促人向上、激活沉睡的潜能，进而勃发出无穷的才智和威力。

凡事既要有激情，也不能盲从。

激情在理想中升腾、在奋斗中燃烧。没有激情，也就没有兴致和生机。

激情遇上悲伤，犹如火遇水一样，自然就会熄止。

热情也是一种力量。没有热情，事情就很难办成。

有激情，就有力量。

185

水遇严寒结冰块，激情用水扑不灭。

人随年龄长，狂热渐冷却。

人只有压住自己的冲动情绪，才能使自己的内心得到安宁。

激情是干事的动力。没有激情，工作和事业就难有起色，同时也难干好。

热情能使人跟从。

热心是做事的动力。不热心，该做的事也做不好，甚至做不成。

## 孤 独

没有人缘的孤独最可悲。

孤独能使人心烦意乱、焦躁不安。

慎独是必要的，孤独却令人感到凄凉。

人被孤立最可怜。

常有人找你交流思想和看法的人不孤独。

一个人遭到打击以后，随之而来的就会陷入沉默、孤独和郁闷之中。

一个人在寂寞、凄凉的时候，最感到孤独和惆怅。

对搞学问的人来说，没有孤独和苦钻是成不了大家的。

人在孤独、凄凉、悲惨的时候，如果你能给以温暖、支持和帮助，那么这人永远都会感恩于你。

孤独无援最悲怜。

人混到孤立的时候，你就该自找原因了。

独处不无益处，它可让人静下心来学点东西。

## 绝　望

生活中有时会面临一种绝境。然而，绝境中往往孕育着生机与希望。

不要悲观失望，脚下没有绝路。

能发现善意在，就不会走绝路。

抗压力弱的人最易绝望，内心强大的人难被打趴。

妥协和绝望是人的致命顽疾。

遇事悲观失望、怨天尤人，成不了大气候。

绝望是希望的对头，是无能的表现、蠢人的归宿。

绝望是希望的破灭。

一个人到了绝望时，世上所有的东西对他来讲都毫无兴趣。

当人绝望的时候，一切希望都已破灭。

绝望近乎死亡。

知己错而不改，实际上就是自己硬把自己推向绝路。

放大欲望，就会产生绝望。

## 烦　恼

凡事不要太惆怅，一笑了之。

只有把埋怨转化为动力，事业的成功才有保证。

人一生中不顺心的事在所难免，而平和面对则是疗治这种心境的上好办法。

当你不再抱怨自己还有很多东西没有得到时，你心里就一定会充满快乐。

谁不抛弃烦恼，谁就得不到快乐。

抛弃那些不顺心的烦恼，让自己快乐起来，你才算找到了生活的真谛。

有得有失人生不可避免，面对得失的关键就是要调整好自己的心态，不然你就会陷入奢望的苦闷之中。

抛弃人生烦恼，用爽朗的笑声绽放生活的希望。

谁能把浮躁、郁闷、愤怒等情绪，转化为一种积极的力量，谁就能成大事、立大业。

不自寻烦恼的人，活得才轻松。

听一曲动人的歌，能让人忘却暂时的烦恼和忧虑。

烦恼犹如毒药一样，磨损你的意志、消耗你的快乐、降低你成功的几率，不值得。

大凡有所成就的人，在有条件的时候总会懂得充分展示自己，而不是只求另一个期望，让自己在烦恼中度过。

放下忧愁，快乐永远陪伴你。

一个人只要心胸开阔、志存高远、心忧天下，为大众立德、立功、立言，就不会为那么一点点成绩而骄傲，为一时挫折而懊恼。

为人处世，必须能屈能伸，抛弃恼人的事并不意味着就是背叛你的初衷，有些事该记住的记住，该忘却的忘却，千万不能死钻"牛角尖"。

帮心术不正人的忙，到头来后悔的是自己。

人生有许多遗憾，谁能抛弃

遗憾而不被遗憾所累，谁就最聪明、最愉悦。

如果你自我感觉欠佳，觉得自己还没能力处理一些棘手琐事，那么，你就去试着做一个平凡的人，在平凡中寻找快乐，在平凡中学会掌握和处理一些棘手琐事的技巧和方法。

人们都喜欢赞美之辞，但要因人而异、用词得当。如果说话不得体，就会适得其反、讨人厌烦。

其实，世上并没有什么苦恼，苦恼都是自己给自己强加的。

人的一生总会遇到一些磕磕碰碰的事情，如果你能想开，那就很快过去。不然，被其纠缠，就会大伤脑筋、有害身体。

所谓苦恼，只不过是人的欲望没有达到满足罢了。

为别人的过错而生气，实际上就是给自己过不去，受害的仍是你自己。

其实，流言蜚语就像蜘蛛网一样，吹口气就算完了，何必当真。

顺其自然少烦恼，心地坦然才快活。

有时候，比不可不要，但不能盲目去攀比。要知道，比是有条件的，没有条件的比，只能越比越掉劲，越比越烦恼。

早知后悔，别做傻事。

不要抱怨生不逢时，时代本身早就知道你是谁。

世上的事情很复杂，能说清楚的说清楚，不能说清楚的就不要自找不快活。

只要心态好，烦恼不来扰。

为一点小事想不开，这样的人准没大出息。

放下苦恼，才能释放快乐。

谁不知足，烦恼就不抛弃谁。

## 恐　惧

由无知导致的人心恐慌，恐怕要比遇见猛兽更可怕。

恐惧比遇险更可怕。

畏惧是人心理上的一种沉重负担。

恐惧对人的发散思维打击最大。

凡惧怕困难之人，都是没有作为的人。

惧怕是胆小的一种表现。谁做了坏事，惧怕就会在谁心里纠缠。

恐惧能使正常人的行为变得惊慌失措、无所依从。

内心恐惧，难掩面部表情上的变化。

凡畏惧者，毫不例外地都有一种"一日被蛇咬，十年怕井绳"的心理作用。

拘束既是胆怯心理的一种外化，也是内心自卑的一种反应。

能时刻做好思想准备，不管遇到什么危险都不惧怕。

战争来了，只有制止，恐惧没用。

矢志取胜的人，绝不怕困难。

## 兴　趣

一个人要想取得成功，就要去做他自己最感兴趣的事。如果没有兴趣，一味依赖别人督催，

终将一事无成。

岂不知，生活的乐趣应当从

微小的事物中寻找。

打动人心的最好方法，就是与他谈其最感兴趣的事。

志趣不同难为伍，心心相通一路人。

没有好感就不会有兴趣，兴趣是在好感的基础上产生的。

人不能没情趣，丧失了情趣，就丧失了对美好生活的追求。

谁对美没有爱，谁就失去了生活的趣味。

有兴趣，才喜爱；有喜爱，才能干好工作。

人在痛苦时就没有了兴趣，兴趣是在人心情舒畅的时候才能拥有。

兴趣和爱好是催人上进的最好导师。

兴趣是生活的调味品。

事实上，一个人懂不懂情趣、有没有志趣，是衡量其有无文化修养的重要标志。

不尊重人的兴趣，就是不尊重人的自由。

人人都有爱好。爱好没有了，兴趣也就没有了。

兴趣是点然热情的火种。没有兴趣，热情就燃烧不起来。

兴趣是探求的动力。没有兴趣，探求就很难坚持。

谁对知识产生兴趣，谁获得的知识就越多。

没有兴趣，干什么事情都不尽心，别说干好。

一个人的工作如果能和他的兴趣结合起来，那是非常理想的，也是效率最高的。

情趣爱好是人们调节劳逸、释放压力的最好帮手。没有情趣爱好的生活是乏味的，不分良莠的情趣爱好是有害的。只有培养健康有益的情趣爱好，才能使人保持一种积极、热情、乐观、向上的生活态度。

一个人只有怀着善良的本性，揣着责任和道义，遵德守仁、行义有节，其志趣才高尚、兴致才高雅。

没有兴趣，就没有创新。

岂不知，知足者才享生活之乐趣。

兴趣能折射性格。有什么样的兴趣，就能看出有什么样的性格。

没有情趣的人，其生活是枯燥、乏味的。

凡合兴趣的事，准能把它做好。

兴趣乃成就伟业的催化剂。

对不善言语的人来说，如果你讲的话不能打动他，那么，你就更难让他开口了。

能引起别人关注的话题，非让人感到有兴趣的人或事不成。

事感兴趣记忆深，事无兴趣忘记快。

志趣不一样，相处不长久。

谁的兴趣、爱好广泛，谁的人际关系就多。

没有兴趣的地方，就没有吸引力。

求知必有趣。没兴趣，学而浮、钻不深，也无大学问。

爱好是求知的引路人。

# 十　气质·风度·性格

## 气　质

气质是修养和风度的结合体。

一个人的气度如何，往往能给人留下深深的印迹。

气度来自内在素质，它与人的文化修养颇有关系。

气质是个性的张扬，并从内心流出，最能让人心迷。

气度不凡、从容不迫、雍容高雅的风度，自然能使人产生一种肃然起敬的感觉。

容貌美能愉悦眼球，气质雅能打动人心。

气质，乃人品的内在显现。

谁的文化积淀深，谁的才气就越大。

气质与丽质不同，丽质反映人的肌肤之美，而气质则彰显它的内在之秀。

气质是由多方面的因素构成，而品德修养则是其中最重要的一条。

气质需要内心的磨砺，同时也离不开文化的修养。

凡有气质的人，都是精神饱满的人。

## 风　度

风度能让人感到有气质、品位，不落粗俗。

言谈举止，可以折射出一个人道德素质的高低。

风度无需打扮，神韵自然最美。

涵养、韵味、谈吐、格调，能彰显出一个人的高雅风度。

优雅、帅气、大方、有礼的风度，来自一个人的内在调适和修养，绝无矫揉造作之嫌。

言行和善、举止文雅、风度翩翩，一旦与人接触，就能很快让人感觉此人气度不凡。

风度之于身而贵在自然流露。

风度不需雕饰也大方。

气度是人的修养与情操的一种外化。

神韵、得体、文雅、和善，乃风度翩翩之人。

凡事有度、矜持、大方、得体，乃一个人的最高品位。

风雅的人最具征服力。

一个人的风度与其内在修养的统一，是最令人钦佩的。

## 性　格

性格是一个人独有的东西，完全相同的性格是没有的。

性格直率的人，心地坦荡没坏心。

性格往往能决定一个人的成功与失败。

有什么样的性格，就有什么样的表现。

一个人的性格好坏，决定其前途命运的好坏。

性格能影响人的前途和命运。只有改掉不良的性格，才能拨雾障而认清方向。

谁能驾驭自己的性格，谁的前程就通畅。

性格和顺的人，不论和谁相处，即使与心术不正的人打交道，他们对其都有一种敬重的心迹。

性格爽快的人，说话利索、办事果断。

性格温顺易接近，脾气粗暴易伤人。

疑心太重的人，心胸狭窄、干不成大事。

好脾气使人亲近，坏脾气让人疏远。

人的性格不同，为人处世的方式方法也不同。强求一个人应像另一个人、不能走样，这是霸道的，也是无理的，更是不现实的。

人的性格也是可以培养的。只要能够注重提高自身的认识能力、思想水平、道德修养，那么，良好的性格就能养成。

能掌握人的性格，就能因人而异地发挥他们的作用，最大化地调动其工作积极性。

## 仪　表

人的容颜难改变，但人的外表可以适当控制、打扮和修整。

服饰整洁、穿着得体，往往能给人留下好的印象。

素装淡抹与心灵纯洁是最漂亮不过的了。

人要重外表美，更要重心灵美。

打量一个人，既要观之仪表，又要察其心迹。不然，就没法掌握此人全貌。

人的装束适当讲究一点并非为过，但一味追求华丽的外表，那就有失大雅了。

人的外表可以损坏，但人的心灵无法泯灭。

衣着扮外表，养德最重要。

一个人不要太羞于自己的外表缺陷，真正的美来自其高尚的内心。

从一定意义上讲，着装得体也是对人的一种尊重。

以貌取人要不得，外表上的文雅代表不了心灵上的纯洁。

以貌取人切不许，知根知底再用人。

仪表堂堂招人喜，不修边幅讨人嫌。

## 魅　力

魅力是气质、仪表和风度的综合反映。

魅力是无形的，但它有很强的影响作用。

有魅力就有感召力。

魅力有一种感化和影响的作用，使人打内心里感到敬佩。

非权力能够征服人心，其主要因素就是个人魅力的作用。

魅力是容貌无法取代的内在美。

权力可以压人顺服，而魅力

的影响能使人信服。

能打动人。

魅力有一种无形的力量，它能征服人心，让人佩服。

魅力具有悦服和感化的力量。

智慧生魅力，魅力绝不是外表。

事实上，能令人倾倒的不是权力而是魅力。

武力可以征服人，而魅力却能征服人的心。

一个人如果不能把拥有的知识与悟性、情感与智慧很好地结合起来，就很难成为一个有魅力的人。

高雅秀逸的风姿，不仅来自一个人的外在形体，更来自其内在魅力。

魅力的力量让人无法抵抗。

知识的魅力和人格的魅力最

如果你的魅力能够打动人，那么，你就具有吸引力。

## 美　貌

不仅容貌美，还得装束美，更要心灵美，才是真正的美。

美好的容颜能给人一种悦目的感觉和舒心的印象。

一个人只有将自己的外在美和心灵美完整地结合起来，才能赢得他人的尊重和赞赏。

外表美与心灵美的无缝对接才是真正的美。

美貌的容颜随时间会变得苍老，而平和的心境会使人感到更年轻。

爱美是人的天性，追求美是人类文明进步的一个重要标尺。只有人性之美、人情之美、人品之美、人格之美等内在之美，才是真正的美、永恒的美，那种外在之美只是暂时的、有限的，如同昙花一样，随开随败，难以长久。

长得好不如心眼好，心眼好才能受人敬。

美无定论，关键看你以什么为参照标准。

貌美岂止于外表，魅力、学识最重要。

追求完美的人不能说不好，但不可一味追求完美。一个人的欲望越强烈，完美就会离他越远。事实上，追求完美，往往会死于完美。因为，世界上完美的人是没有的。

能不经打扮，让人感觉美的人，才真美。

提防：美色无德"醉"人深。

## 形　象

外在美和内在美的统一，才是一个人在群众中树立好形象的根本。

一个人要树立好形象，除了将外表进行适当包装外，还要具有浑厚的道德和文化修养。

谁想在群众中树立好形象，谁就要把心思花在为民谋利上。不然，群众就不会把你放在心上。

一个道德品质高尚的人，其形象是高大、美丽的。

塑造为民好形象，重在一言一行中。

形象是人的仪表与心灵协调一致的整体。

人的形象，既表现在五官体态上，更表现在心灵纯洁上。

形象具有完整性，既在于外貌，更在于人的品德修养。

一个人能扎根于群众心里，他在群众眼里的形象就高大。

一个人要塑造自己的形象美，首先要从心灵开始。唯有心灵美，人的形象才高大。

好形象不只是相貌端正，更重要的是在于内心纯洁。

人是社会人。一个人一旦进入社会，不但要维护自己的形象，而且要维护公众的形象。不然，就会给社会带来负面影响。

从某种意义上说，不在乎自身形象的人，其实就是不把别人放在心上的人。

在某种情况下，个人形象也能影响个人业绩。

## 修　饰

衣着整洁、扮相入时，是一个人的重要外表特征。

修饰是对本人外表某种不足的掩盖，其目的就是招人喜欢。

只要不刻意打扮，点到为止往往就能彰显美的效果。

修饰过的容貌不如本来面目真实。

修不修饰要看情况而定，有的东西需要修饰，有的东西还是保持本色为好。

适当包装一下自己是为了让人欣赏，同时也是爱惜自己、尊重他人的一种表现。

把自己打扮漂亮一些是应该的，但过于粉饰往往会适得其反。

适度修饰人变美，过度打扮"俊"为丑。

谁把精力耗费在个人外表装饰上，谁就没心思干好自己该干的工作。

其实，有的东西必须经过修饰才增色，不然就达不到美的效果。

岂不知，简洁明了的装修比浓墨重彩高雅得多。

与其装扮外表，不如充实头脑。

## 天　真

真正做学问的人，不免有点童真和呆气。

有点天真讨人爱，自作聪明惹人烦。

天真是人的稚嫩情绪的一种反映。

有点童真气，可以使人精神焕发不觉老。

人有童心是快乐的、真实的。

天真不是幼稚，而是聪慧者心目中的一片童真。

天真的幻想，往往也能成为现实。

大凡功勋卓著之人，在追求功业的过程中，往往不免有点呆气和童真。

天真稚气招人喜，老成耍奸令人恨。

年老又生童真心，越活越有劲。

在欢快、逗笑的场合下，适当地"耍"一点天真的稚气不无不雅。

事实上，谁想全知全能，谁就是天真的幻想。

人因天真而友善，因友善而天真。

## 淳 朴

淳朴就是原汁原味的真实美。

质朴，乃无需雕饰的内在魅力。

纯洁无华的语言，能给人一种朴实、纯真、不虚伪的感觉。

真情的袒露需要内心的朴实。

朴素，真实的表现。

返璞归真，乃人生的最后追求。

淳朴的民风是社会稳定、祥和的象征。

淳朴的感情最真切。

淳朴，是没有放大过的自然美。

越淳朴越真实，越虚伪越掩饰。

淳朴的而不是雕饰的，才是真实的。

淳朴，平凡人的本色。

淳朴的风气最淳厚、最温馨。

有时，朴实而浅显的道理，能折射出一个人的高贵与低下。

朴实的作风能给人带来淳朴的气息和扎实的印迹。

真正的好东西，都是淳朴而真实的。

## 个 性

谁有自信的个性，谁就不会自欺欺人。

风格是一个人经过长时间的修养逐渐形成的、独特的东西，其力量极大、生命力极强。

人，一旦没有了个性，便没有了自己。

没有个性，就没有差别；没有差别，就难有创新。

个性就是不一样，不一样就具独特性。

个性就是一个人的独立品格。没有个性，也就没有自立。

个性强的人，一遇事就能表现出来。

要知道，成也个性，败也个性。

从事某项研究来说，能显出自己的特点，才是有个性的东西。

学习人家的而不去揣摩、变化，形不成自己的风格，那将永远是人家的。

凡没有个性的东西，出路都是狭窄的。

有什么样的个性，就有什么样的品行。

为什么有的人能标新立异，关键就在于不守旧而有别于他人的独立创造。

学习别人的而不局限于别人的，才能形成自己的风格。

凡才华出众之人，往往都在某方面有自己的独到之处。不然，就显露不出自己的个性特点。

个性一旦得到尊重和支持，思想就会活跃起来。

人的个性总是在人的行动中显现。

人的个性需要发挥，但不能过狂。

有别他人的，才是自己的。

凡有才智之人，都有自己的独特一套。

人需要个性张扬，但不可孤芳自赏不合群。

人不能没有个性。人没有个性，也就谈不上创造性。

把自己有个性的东西推介给别人，说明你在这方面有独特之处。

人云亦云永远说不出属于自己要说的话。

人的个性是后天形成的，刚生下来是看不出什么性格的。

个性附着于行动之中，不行动就看不出个性。

人的个性不尽相同，谁能包容这些人，并与之和睦相处，谁的心胸就开阔，谁就能做成自己想要做的事。

任性坏事，这是常有的事。

你能让别人接受你的个性，说明你的心性脾气能入群。

岂不知，张扬个性要比压抑个性舒服。但个性的张扬绝不能过分放纵或任性。否则，对今后自己的发展前途十分不利。

凡豁达之人都比较超脱、自信、具有包容心，能够对别人的思想、看法、言论、行为等加以理解和尊重。因此，豁达是一种修养，是人个性的最高境界之一，也是为人处世的一种态度。

个性不合难为友，你硬我强各东西。

好使性子人最烦。

## 风　趣

风趣是控制内心杂念而用笑来表示出来的一种愉悦心境。

凡风趣不沉默的人，心情都是开朗的。

风趣能给人带来快乐，而快乐的人最听风趣人的话。

有风趣的人幽默，幽默能给人带来悟力和宽容。

风趣也是一种打趣，它能逗人发笑，同时也能使人从中受到感染。

有风趣就有乐趣，有乐趣必然会产生吸引力。

风趣与无趣不同，风趣能逗人高兴，无趣则让人心烦。

人没风趣就没生机，风趣取决于对生活的快乐感，而生机则是对未来生活产生一种蓬勃向上的力量。

诙谐、幽默，是迅速打开交际局面、缓冲紧张情境的最好办法。

对演讲人来说，讲话风趣很重要。没有风趣，演讲的效果就不会太好，甚至会太差。

给日常生活添加点风趣，那是再快乐不过的了。

富有风趣的调侃，能给人的生活带来快乐。

具有幽默感的人，生活才充满情趣。

说话要讲究艺术。只要有可能，最好应把庄重严肃的话题用风趣幽默的形式说出来，这样就很容易让对方接受你所说的话。

事实上，人有风趣就会带来人气；人太严肃，就会削减他人对你的亲热感。

笑话是沉默中的"兴奋剂"。

风趣，说白了就是能逗起郁郁不乐之人的偶尔一笑。

## 自 我

只有把真实的自我表现出来，才是最棒的。

凡在事业上有大成者，并不是靠自己的小聪明、小手段，通过投机取巧才取得，而是靠拥有

一种挑战自我、战胜自我的信心和勇气而赢得。

找别人的缺点易，揭自己的短处难。

人贵在了解自己，并根据自己的能力去做事，你才能得到真正的收获。

看清自我，才能战胜自我。

只有遇到困难的时候，才能认清自己是否具有战胜困难的勇气。

凡要成为自由人，就必须是敢于克制自己的人。

一个人能主动放弃一切不适合自己去做的事，说明你已成熟。

不破自我难出新。

自视清高历来是阻挡进步的一堵高墙。

人不能从自我中走出去，就没有大作为。

自我超越、敢于加压，方有所成。

了解自己，追求才有力量。

大胆否定自己、超越自我，才能长进。

谁能掌控自己，谁就不容易被别人征服。

保持真实的自我，才令人佩服。

一个人如果只知躺在现有的成绩上睡觉，就很容易养成惰性，就只会在原有的层面上踏步，就不会有新的进步和提高。因此，要学会自我挑战、自我加压、自我超越和自我更新。只有这样，才能使自己更好地适应不断变化的新形势和新任务。

从一定意义上说，谁找准了自己，谁就有可能创造奇迹。

一个人既不扩大自己，也不缩小自己，你就认识了自己。

自己才是拯救自己的主人。

一味地欣赏别人，实际上就是看轻自己。

打败对手只一瞬，战胜自我需一生。

自我控制既是一种约束，也是一种境界，更是一种力量。

自己做自己的榜样，同样也是一种力量。

知人者智，知己者明；胜人者有力，胜己者更强。

不走出自我，难得自由。

一个人只有认识自己，才能超越自己。

追求名利不无不好，但切不能在名利中迷失自我。

# 十一　读书·知识·创新

## 读　书

书藏万卷终觉少，遍览群书智慧高。

读书无尽，受益终身。

读书可以拉近历史和现实的距离，通古晓今，以史为鉴，才能进步。

读一本书，哪怕有一点点收获，也是值得的。

读书可启迪思想，就像人吃饭能维系生命一样。

"读万卷书，行万里路"，不仅过去是、现在是、将来仍然是我们获得知识的最好途径。作为读书人，应走出书斋，用自己的脚板去抚摸祖先所经历的沧桑，决不停步。

"书到用时方恨少"。趁年轻，多读书，读好书，让"读书"这个好习惯相伴一生。

读书应做到既能钻进去，又能走出来，熟中生巧，才能长进。

人常讲，书越读越厚，再读就越来越薄。

读书可医愚，因为书是我们

最好的医愚良药和精神营养品。

读书无诀窍，贵在苦读中。

读书不论早晚，就怕一曝十寒。

读书贵释义，不懂再读，再不懂再去读，直到读懂为止。

对一个人来说，读什么样的书，对其一生至关重要。

读书能给人一种奋进的力量，能使弱者变强、强者更强，遍览群书，才智增长。

读书能开阔视野、充实头脑、提升内在素质，使人更宽容、更豁达。

你可知道，如饥似渴地读，跃跃欲试地写，读读写写，写写读读，最终能使你走笔如神、笔下生花。

读书能净化人的心灵、升华人的灵魂，能在不知不觉中充实人的精神世界，丰富人的生活，让人的生命也跟着精彩起来。

读书是人生的一大乐趣，犹如品味甘醇的蜂蜜，让人回味无穷。

与书同伴，快乐无限。

读书让人免于无知，同时也能提升人的品位和修养。

读书，就是把别人的东西装进自己的脑海里，为我所用。

读而不用，等于没读。

读书是一种谋心、启智的活动。谁读书越多，谁心境就越大、智慧就越多，谁就能把世界装下。

读书可以提升人的气质、调节人的情绪，从而使人能够保持乐观、向上的平和心境。

读书要用心，心不专者无收获。

读不完的书，做不完的学问。

每日读书必不可少。它应该成为你我他的一种生活态度、一种工作责任、一种精神追求。

## 书　籍

书是最好的老师，什么时候打开，什么时候传授，并且毫不厌烦地将其知道的东西全部告诉你。

书是人生中的良师益友。

一本好书就是一位名师。

书像一位热心的导游，她把自己所知道的"景致"全都告诉你。

书像一位慈祥的母亲，喂你乳汁，教你成长，倾尽全部，不图回报。

好的书籍能点亮人的心智，提升人的境界。

以书为伴，人生的追求就会永远散发着理性的芳香。

书籍的价值与价格不能同日而语。好的书籍，其价值不知胜过它的价格多少倍。

任何东西都能用尽，唯书里的东西学不尽。

书籍是滋长才智的土壤。

书籍能使人变得更充实、更有力量。

书籍是无私的，谁看就给谁知识，绝不偏袒。

无字的书籍在心里，而且比有形的书更有力。

书籍是人类生活中不可或缺的最佳精神营养品。

书本虽然不说话，但她教你会说话。

伴书一起长，一生有力量。

一部好书，就是一座宝藏。

## 学 习

学习是每个人的永远追求。

乐也学习，苦也学习，终生学习，终身受益。

学习是永恒的主题，一日不学就退步。

学中问，问中学，边学边问，方能长进。

学习无止境，创新无穷尽。

学习与思考是人提高修养、增长才干、成就事业的必由之路。

你可知道，静到极致的阅读和思考，也是一种无可言喻的妙境。

死记硬背记一时，融会贯通记一世。

学习贵在自觉，一味靠别人督促，既学不了多少东西，也很难有什么长进。

不熟悉的东西要学，这不难；看似烂熟于心的东西还要再学，就有点犯难了。其实，知道得越多，发现自己还不知道的也越多，这就是我们常说的，学然后知不足。

学习如爬山，要么冲上去，要么滑下来。

人，只有与时俱进地学习和思考，才能够不断加强对新事物的了解和掌握，从而找到新的更加科学的解决问题的方式和方法。

学而不用等于没学，学习的目的全在于应用。

人的成长过程只有在学习中才能得到升华。

学习犹如爬山越岭，上了一定的高度就过了一个坎，然后又

要面对另一个高度过更多的坎。只有披荆斩棘、不畏艰难、踏尽崎驱、永不止步，才能永攀知识高峰。

历史不是过去时而是现在时、当下时，读史可以使人明理聪慧、长知识、懂礼数、会处世。

人不学，不知义；学不用，白费力。

自学是一所没有围墙的大学。

学习如竞走，耐力、恒心终有获。

学习犹如攀高的梯子，学得越多，思想境界就上得越高。

学习是人生的第一需要，也是创造未来的阶梯。

知识无止境，自学不能停。

学习能避免言之无物、增强人的谈吐能力和内在魅力。

学习不分先后，什么时候学，什么时候受益。

学习不为什么，只为不知和不懂而学。

学习若让懒惰支配，那就学而无获。

读书、思考、践行，乃能力提高之法宝。

学习别人的经验，"拿来"无可厚非。但"拿来"不能生搬硬套，应在"拿来"的基础上加进自己特有的东西。只有这样，"拿来"才有生命力。

善把别人的点滴之长化为己有，是最直接、最便捷、最有效的学习方法之一。

知学才长进，会学才幸福。

少小学习记忆深，趁此多学益终身。

年少不知学，到老悔恨迟。

211

# 博　采

博学一些，学专一点必有好处。

与多闻博识者相处，就等于得到一部没花钱的百科全书，让你受益多多。

博学才能多识。读书就像蜜蜂采花一样，花采多了蜜才能酿得多。假若只读一本书，那你的知识就太肤浅了。

要善于从书海中寻觅你所需要的珍珠。

博学知之多，知多贵专攻，专攻才能独创一格。

知识面越宽，人的学问就越深。

拥有广博的知识，就拥有取之不尽的财富。

跟一个知识渊博的人相处，在他那里能学到很多东西。

不管哪方面的知识都要多涉猎、多研究，长了，你的学问也就大增了。

博众人之长、补己之短，乃知识增进的捷径之一。

多学、多看、多实践，乃知识广博的路径选择。

博学知之多，见多识得广。

博学强记，见多识广，智慧走天下。

越是知识广博之人，越觉自己知之少。

## 知 识

知识可以教，智慧不可传。

知识能给人一切。

学校是传授知识最集中的地方。

不需要花钱就能获取知识的最好办法就是，虚心向别人请教。

知识像盏灯，把人生之路照得通明：来者从中明白人生的价值；去者不枉拥有知识的真味。

丰厚的知识靠积累，一日学一点，数年成书山。

拥有钱财易于夺，拥有知识无法掠。

知识的无私就在于：谁渴求它，它就送给谁。

渴求知识，如同脚下挖井，挖得越深，井水越旺。

在知识上永不满足，才能有所长进、有所收获。

弱者因知识而强大，这是不争的事实。

知识不与实际结合，就等于鲜花插到水盆里，好看不中用。

知识就是力量，而且是一切力量中的最强力量。

人人需要知识，就像需要空气、食品和水一样。

仅有知识不能称其为知识分子。要成为一个真正的知识分子，必须学识和社会良知、道德、责任感兼而有之才行。

没有学不会的知识，只有不会学的人。

知识像金库，谁能钻进去，谁就享用终身，谁就富足于天下。

学习增长知识，知识改变命运。

知识再多，不会运用也白搭。

知识是苦学后的结晶。

一个人懂得的知识越多，越让人佩服和尊重。

人在成长中最需要的食粮是知识。

拥有知识当可贵，善用知识最聪明。

没有知识比没有财富更不幸。

人之所以需要知识，主要是因为它能引人走向光明。

知识只有消化运用，并最大化地发挥作用，才是最有价值的。

拥有知识都一样，但作用发挥不一样。

教育不仅给人以知识，更重要的是给人以做人的道理。

## 积　累

卓越坚韧的道德需要艰苦漫长的过程来打造。

事业要奋斗，知识靠积累；积累越多，才智越高。

积零为整，积少成多，长期坚持，学富五车。

一个人积累的经验越多，他的学问就越大。

知识靠积累，求知贵坚持。

阅历积淀越深，越能显示出一个人处事老道而娴熟。

人的经历不同，积累的财富也不尽相同。

资料靠搜集，积多写作易。

一个人，只要不弃微薄、日有所获，积累起来，便是不菲回报。

积累的素材越多，写出的东西就越厚实。

就知识来讲，平时多积累，用时最方便，且易出成绩。

积累是一种储备，是产品生产的"原材料"。积累越多，产出越高。

资料积累少，文章写不好。

知识积累的厚度，决定人的眼界宽度和认知事物的深度。

## 勤　学

越学越知不足，越能进步。

头脑越用越灵，不用则钝。

苦学生甘果，不学无收获。

暮气、惰气、丧气，乃潜心学习、不断进取的三只拦路虎。

勤学如用餐，一日不学"饿"得慌。

多看勤记利写作，文章一出众人贺。

从小养成好学的习惯，长大后必成有用之才。

谁能养成勤奋好学的习惯，谁就能在事业上取得成就。

人之所以聪明，只不过是别人闲着，自己在用功罢了。

聪明来自勤奋，有天资不学也钝。

学有所成者，大都离不开勤奋加技巧。

苦学成果丰，不学两手空。

学而不倦肯用功，日后事业必有成。

人有天资懒于学，纵有才气又如何。

凡成大事者无不勤于思考、见诸行动。

精妙的文章是用心血著成的。

写文章发不发表别管它，只要坚持笔不停、写不断，时间一长，写出的东西就不愁派不上用场。

人到忘我才痴迷。

勤学不怠必有成，一曝十寒白费功。

知之多，无疑就是勤奋学习的结果。

真正好学者绝不吝啬问。

天赋聪明也好、平平也罢，只要勤勉努力，就有收获。

## 专　注

人的精力和智慧是非常有限的，心不专一、啥都想做，终将一事无成。

凡在事业上有一定建树的人，无一不把自己的全部精力贯注其中。不然，是成就不了大事的。

一个人只要专注某一学科，并矢志不移、忘我工作，就一定能够做出令人意想不到的成绩来。

一个人要是好高骛远、华而不实，结果往往一事无成；干一行、爱一行、精一行，才能创造骄人的业绩，令人赞扬。

平时一个人如果能养成精力集中的习惯，那么，无论什么任务交给他，他都能全神贯注、一丝不苟地去完成。

同心同德成事易，三心二意事难成。

人的精力是有限的，要取得事半功倍的成就，就必须集中精力、一次做一件事情才成。不然，是干不出什么"名堂"的。

心不专，事难成。

当你专注于一本好书，犹如接受智慧的洗礼，犹如与智者进行心灵的对话，犹如跳动的精灵带你遨游环宇，会让你感到充实、愉悦和慰藉。

专要用心贵在恒，用心不恒事难成。

凡事用心去做，或多或少都见成效。

凡主次不分、面面俱到者，终无所成。

与其贪多学而不透，不如精学加深理解。

要知道，每个人的精力是有限的，有所不为才能有所为，只有把有限的精力集中到一点上，才能干出一番业绩。

事实上，太专注个人利益的人，没有一个不是心胸狭窄之人。

其实，最成功的人并不是智慧最高、计谋最多的人，而是那些凡事都能专注于此、事事都能做精做细做实做好的人。

## 思　考

思考成熟再动笔，文章最忌假大空。

思而敏捷，学而聪慧，为学之法，必根于思。

读书贵思考，没有思考的读书，就是死读书。

做任何事情都要多比较、多思考、多求教，这样才能使自己知之全面、知之深刻，更有利于把事情做好。

善不善于思考，是一个人素质能力的体现。善于思考的人，足智多谋出新奇；不善思考的人，人云亦云随大流。

静思话少，语多难思。

不思、不疑、不进，乃无知之人。

慎思不盲从，事事能做成。

人要学会独自思考，但绝不能自以为是、目无他人。

不固守经验而大胆思辨，才能进步。

适当换位思考，是避免伤害他人的最好一招。

人常说：错路可回走，错话难回收。因此，无论说话或办事，都要三思而后行。

人的力量在于动力和思考。一个善于并会正确思考的人，才是最有能力和最有力量的人。

悟性越深，看问题越透。

一项科研成果的孕育、产生，往往是在切磋探讨中发现的。因此，多样化的思考与方法，是保证科学不断得以创新的首要条件。

会思考的人做事有把握、成功几率高。

不苦想，难有远图。

贫乏的知识，难做理论思考。

人不思考难长进。

学也须思、行也须思，有思才有悟，有悟才有得。

超前谋划比跟着去做更重要。

冷静地思考，从失败中寻找动力。

用心多于用脑，凡事才能做好。

多动脑子才得窍。

不管你学多少东西，不思考就难出新。

事不三思易出错，人不清醒犯糊涂。

读而无思，犹如鸭子吃螺蛳，囫囵吞枣。

饭不嚼不香，书不钻不透。

不思文难成，不写手头生。

## 求　知

求知与思考，可以疗俗，可以治愚，可以冶情，可以养气，可以把自己铸造成一个最聪慧、最有洞察力的人。

求知需要循序渐进，切勿囫囵吞枣、生吞活剥。

求知的根本就是寻找真理、开启智力。

只有掌握更多的知识，才能使自己的头脑更充实、更聪明。

世上没有不可认知的东西，只是有些东西我们尚未认识罢了。

求知如同淘金一样，滤去杂质始见金。

渴求知识是人的第一需求。

有求知欲望的人，绝不因忙而偷闲。

消除愚昧，没知识不成。

谁拥有知识越多，谁的力量就越大。

不懂记下，解惑后而用之。

求知如登塔，每上一层，就有一层的境界。

求知的目的就在于通晓天下、掌握一切。

人，之所以慢慢地跟不上时代，其原因不在于年岁的增长，而在于进取心减退。

人，只有在高人中才能显示出自己的学识粗浅。

羞于发问难得进步，不耻下问日渐长进。

## 创　新

实践出真知，创新无止境。

没有创新的胆识，就没有创新的果实。

一个人在新环境新领域面前，是因循守旧、被动退缩，还是迎接挑战、开拓创新，这是对人的思想、态度、能力的考验。

把握时机，超越自己，与时俱进，在科学的道路上独树一帜。

创造是开启理想之门的金钥匙。

抒别人之未抒，写别人之未写，作文是这样，做事也是如此。唯有创新，才有出路。

人生的最大快乐，莫过于不断创新。

一个天资聪慧好胜的人，绝不因循守旧、不思进取，常常是

打破陈规，标新立异。

创新就是发现别人没有发现的东西。

依照葫芦画个瓢并不难，但要进行哪怕是很小的创新却不容易。

创新的本身不偏不倚，它愿意给每个人机会，关键就看你愿意不愿意探索和研究。

永不知足是创新所需要的工作态度。

对一个人来说，如果能打破常规，靠自己的合理想象而施展才技，其取得的成绩往往是惊人的。

如果没有创新，社会就不会进步，就像人有非常发达的肌肉，但需要有灵魂来指挥，才能做出更有力的动作。不然，一切都停

滞不前了。

打破旧我，敢于创新，心有多大，施展才智的舞台就多大。

创新就是做别人没有做过的事情。

创新无坦途，贵在攻坚中。

我们是不是可以这样说，自主创新是科技进步的灵魂。没有自主创新，就没有科技的发展、经济的繁荣、国家的昌盛。

创新是支撑一个民族不断崛起的脊梁，是推动社会和经济发展的不竭动力。只有坚持不断创新，我们的民族才能真正屹立于世界民族之林，并根深叶茂，永不衰老。

师承别人的，加以改进，就是自己的。

创新没有平坦的大道可走。只要有执著追求真理的热情，有我要创新、我能创新的痴心和胆略，有持之以恒、无所畏惧的拼搏精神，就一定能够在失败中看到曙光，在探索中获得灵感，在发明中找到快乐，在贡献中实现人生的自我价值。

创新的过程是苦的，其结出的果实是甜的。

一个有希望的民族，必定是勇于创新、善于创新的民族。

科学研究无坦途，自主创新更是荆棘丛生、困难重重。只有不畏艰难、顽强拼搏、勇不后退，才能有所发明、有所创造，最终获得成功。

只要你抛弃陈规、大胆去闯，失败与成功同样精彩。

重复别人创造的东西，永远不属于自己的。

创新者之所以能够不断地有所发明有所创造，无不与他们所付出比常人更多的时间、精力、智慧和心血有关。

小创造孕育大创新。每一个伟大的创新，都是经过无数个小创造汇聚而成。

一个人的创新失败，其意义不在于他已输了，而在于差一点他就赢了。

创新开启未来。

熟能生巧，巧能出新。

人要有点闯劲，拥有大胆的创新精神，才能永葆进取的力量。

独辟蹊径才能创造新奇，墨守成规绝没大的出息。

不敢创新者，就体会不出创新的乐趣。

攻坚而不泄气，创新而不止步。

有时候，一个小小的创新往往需要上百次努力才能实现。

在这个世界上，很多看来不可能发生的事情却发生了，但不相信奇迹出现的人，将永远创造不出奇迹。

创造是生存之要。

改革创新从来不会平静无波、一帆风顺，总会伴有这样或那样的曲折和困难，甚至艰险。

旧观念就像牢笼，你要获得自由，就要勇敢地去打破。否则，你将永远被囚禁。

创新是时代的最强音，没有创新就没有社会的进步与发展。

唯有破除常规，才能有所创新。

未来需要创造。停顿和倒退是没有出路的。

谁苛求成功，谁就会束缚创新的手脚；谁压抑激情，谁就会扼杀创新的事业。

现实生活中，为什么有的人很难发挥自身潜力，其中最重要的原因之一，就是他被许多所谓"应该或不应该"捆住了手脚。因此，放开"应该或不应该"的束缚，去做自己认为应该做的事。只有这样，你才能有所发现、有所创新，而且也才能有更大的发展和进步。

对攻克某项难关来说，事前知道多少并不重要，重要的是敢不敢闯、敢不敢干的问题。

学习他人而走不出他人的，一辈子就甭想青出于蓝。

怕犯错而不敢尝试，恐怕是一个人一生所犯的最大错误。

## 才　能

吃苦耐劳是奠定成才的基础。

有能才有位，有位更有为。

不怕没学历，就怕没能力，身怀绝技，终身受益。

再好的才能，如果没有施展的机会，也是白搭。

一个人的能力强不强，岗位一试就知道。

市场如战场，谁身怀绝技，谁就能在人才市场上游刃有余。

俗话说，一招鲜，吃遍天，技艺精湛敢领先。

才高志气高，技高压群雄。

拥有黄金万两，不如绝活一样。

有的人才气不小，但往往逃脱不了自视清高的怪圈，其结果是给自己的发展人为地设置障碍、制造麻烦，使其进步不了。

在每个人的生命里都潜藏着许多连自己也不知道的能量。如果不去挖掘，这些能量将永远不会释放出来。

人生中有许多机会，能不能抓住机会，这就靠"本事"。

现实中，我们并不缺少人才，而是缺少发现人才的人。

有能你就使出你的能，没能你就让出你的位，既没能又不让位，别怪人家把你撵下台。

一个人的能力有大小，只要能全身心地努力着，不管做出的成绩如何，都会得到人们的认可。

能虽大而不务实，则废。

能用好能人的人更是能人。

对表演者来说，演丑角遭众骂，说明这人扮相已到家。

事实上，人的能力比知识重要，而胆识比能力更重要。

能力远胜金钱。因为它不会遗失也不会被偷。只要你有本事、有能力，就不愁金钱挣不到手。

人的本事再大，有时也会碰到有才无处施展的时候。在这种情况下，请你不要抱有"怀才不遇"的想法。要沉住气、谦卑地做你该做的事，即使大材小用，也要心胸放开、不给自己增添思想负担、永远保持快乐心情。

能在不可知的领域里，寻找出有别于他人的新东西，那就是才能。

人的本事随身携带，无论走到哪里都能发挥作用。

明知人才难得，何不惜才、用才？

## 怀　疑

探究真理需要怀疑，没有怀疑，也就得不到真理。

有怀疑才有追求，而且是无限的追求。

真正创新的人，都是从背叛现有开始的。

猜疑和批判是科学态度的一个显著特征。

发明创造少不了怀疑。因为，每次创新成果的产生，无不始于对原有知识的怀疑。

没有怀疑和创新，就没有科学成果的产生。

多疑的人难觅挚友。

质疑是攀登科研之山的阶梯。

不确定的东西应该怀疑，怀疑是为了更真切地确定。

没有质疑，怎解未知。

在怀疑他人而没有掌握确凿证据之前，切不要采取过激行为，最高明的办法就是把他搁在心里，察其言、观其行，继续验证。不然，就会惹出麻烦、造成被动。

怀疑是对某种事物的求真，没有怀疑也就探究不出认知的东西。

学而不疑，长进不快。

"多疑"，在为人处事上是个大忌。特别是单位的"一把手"，如果犯了"多疑症"，那么，他的下属就非常糟糕：要么，刁难、排挤；要么，压制、打击，甚至更重。因此，"多疑症"不除，和谐的人际关系就很难铸成。

走出怀疑，才能相信。

## 攀　登

学习如登山，不畏艰难肯登攀，成就在山巅。

与时俱进，勇于攀登，受挫再起，永不言输。

攀登科学高峰，非下苦功不成。

登高才能望远，鉴往才能开来。

攀岩登高要记住，蹬实、坚持最重要。

在蜿蜒崎岖的山间小道上，唯有信念、恒心和实力才能攀上最高峰。

和着时代的强音，跟上时代的步伐，不懈努力，勇往直前。

绝妙佳境在山顶，莫因路险惧攀登。

凡从高处掉下来的，都是敢于爬上去的。

只要不怕跌落，勇敢地向上爬，就能爬到最高点。

知识是攀高的梯子，攀得越高，知识越多。

谁能攀登别人难以攀登的高峰，谁就是英雄。

实力加勇气，再高的峰顶能上去。

凡在事业上勇于攀登的人，最终都能得到属于他自己的那份成功。

一个人要想达到最高处，必须从最低处开始，一步一个台阶地向上攀登，直至最高点。

险峰无限美，只待登攀人。

## 探 索

探索未知，比掌握已知更重要。

即便名人说的话，也不可盲从，应作一番探究，确定无疑后，方可遵行。

科学探索无止境，自主创新开先河。

事实上，奥秘只垂青那些探究它的人。

宽容地对待探索者，才能鼓励更多的人去大胆创新、慧眼发

掘，从而获得更多的发明和创造。

探索无止境，求知无穷期。

探索不一定成功，放弃一定失败。

探索是辛苦的，而探索结出的果实是甘甜的。

任何规律的揭示，无不经过反复探索、实践论证之后而得出。

人家已有的经验不要去探索，多向人家请教就行了，免得费时、耗神、白搭功。

探索艰辛多，本身就是不平路。

探索失败是正常的。没有失败，也就没有成功。

事实上，成与不成乃探索者必具的心理准备。

向未知进发，没有十足的勇气是不成的。

若把未知变已知，唯有尝试才得知。

## 想　象

当一个人把自己的设想提出后，在没有得到验证之前，总有人说他是瞎想。

新东西的发现，离不开合理的猜想。

假设和想象是创新的必经之路。

用梦想编织未来，用行动实现梦想。

在梦中建造再富丽堂皇的宫殿，也无法遮风挡雨；在人间建造再不起眼的草房，也照样能栖身御寒。

人是要有梦想的。有了梦想，

就有希望，就有动力，就能创新。

每一项创新成果的产生，都离不开丰富的想象做后盾。

想象孕育创新，创新离不开想象，想象是新生事物诞生的助产器。

从某种程度上说，想象力决定创造力，没有想象就没有创造。

一个善于奇思异想的人，绝不守陈规。

假设是迈向成功的第一步。

想象带有成功的因素，没有想象，就没有成功的基础。

没有想象，就没有创造。

缺乏想象力的人，就创造不出有别于他人的东西。

幻想是成真的探路人。

幻想不妄想，幻想是探求真知的向导。

好奇心和想象力是一切创新的引动力。

想好了而不行动，就等于没想。

时常会出现这种情况：有什么样的想法，就有什么样的结果。

## 未　来

现实是未来的起点，未来是现实的归宿。

日月无穷矣，江山待后人。

引领潮流作表率，与时俱进

创未来。

关爱孩子，就是关注未来。

未来是美好的，但必须从脚下做起。

未来的希望是追求的动力。

把握现在，就能创造未来。

今天的颓废就是明天的枯萎。只有振作精神、加倍努力，才能创造美好未来。

未来是美好的，而实现美好必须从脚下起步，脚踏实地、一步一个脚印地奔向未来。

只有人们掌握了最先进的科学技术，才能主宰未来世界。

科学是打开未来世界之门的金钥匙。

从一定意义上说，有什么样的眼光，就有什么样的未来。

未来不是坐想而成的，而要靠创造才能得来。

实现未来的梦想，靠的是做好眼下的事情。

对过去的感到无愧，对未来的竭力争取。

干好现在，就是对未来的最好交代。

纠缠过去，不如拼搏未来。

以良好的心态迎接明天，明天就是美好的。

荣誉记录过去，奋进充实未来。

一个人的未来，取决于他对人生目标的追求，而人生目标的追求又可改变一个人的生活，甚至命运。

干当下，就是为将来。

未来属于勤奋耕耘的年轻人。

设想未来，就要想法践行未来；光设想不践行，未来永远成泡影。

过去的并不重要，重要的是眼下和将来。

## 进 步

每天进步一点点，十年成果堆成山。

越学越觉知之少，越能进步。

进取者总是创新者，创新者总是凝练于遇事不张扬的风格上：口能言之，身能行之，表里如一，言行一致。

在模仿的基础上加以改造，就是进步。

有压力不但不会对人有害，反而对人是一种刺激和动力。

有错必纠，就是进步。

生活中因为有了挫折，才使人进步。

一个人只要在心态上找到平衡的支点，就不会在挫折和失败面前，迷失自我，也不会在行进途中产生懈怠心理。

人有危机感，才会有进步。

自满是前进的车闸。

要知道，进取心是打开理想之门的金钥匙，任何时候、任何情况下都不能淡化和丢掉。

不要淡忘，鲜花和掌声过后就是危机。

不论你从事什么职业，都不能忘记学习。你学得越多，你进步越快。

不停地变革、不停地创造，才能推动人类社会不断进步。

在吃亏中学到精明，的确是一种进步。

羞愧是知错的表现，也是转向进步的开始。

错了，能不遮掩并自知后悔，

说明此人有改过的诚意和上进的要求。

明智的领导，并不害怕自己的下属超过自己。因为，青出于蓝胜于蓝。没有后者的超越，也就没有社会的进步和发展。

你可知道，袒护自己的缺点，实际上就是阻碍自己进步。

能把压力变动力的人，才能进步。

只要不断地学习和钻研，就能百尺竿头更进一步。

贫穷、艰辛、困苦，实乃激人上进的动力。

汲取失败的教训，也是一种长进。

看不到自己的缺点，就很难找到自己上进的动力。

找出自己的缺点要比发现别人的缺点更难。

经常检查自己、反省自己，对个人进步有好处。

知道自己的弱点而掩饰弱点，这人不会有长进。

当一个人感到自己落伍时，这说明他对时务有了新认识。

知道自己的短处不会因此而退步。

水无落差流不出，人无压力不进步。

欣赏别人，既说明自己某些方面不如别人，又说明自己有向他人看齐的意愿。

迷途知返也聪明。

成功后不努力，败落的开始。

不碰难题，就难有压力和动力。

踩着别人脚跟走，永远落人后。

能发现别人的长处，也是一种能力。

常照"镜子"的人，很少犯错误。

事做错了不要紧，只要能从中吸取教训，就会让人聪明起来。

不反思自己，就很难进步。

以人为镜，可以知不足、长见识、更好进步。

一个人要敢于承认自己的缺点，并且努力克服自己的不足，其缺点就会转化为进步的优点。

人不反省自己的缺点和错误，就很难进步。

能发现自己的不足，说明你还能进步。

历史是不断进步的，前人的经验需要重视和借鉴，但它绝不能成为妨碍社会进步的借口和托辞。

人因过错而内疚，说明能进步。

谁能吸取摔跤的教训，谁就能避免再次摔跤。

看自己比谁都好，你就进步不了。

一日不学落人后，脑子不用就生锈。

# 十二　生活·时尚·钱财

## 生 活

生活这本书，天天读，日日新。

生活质量的提高，并不体现在吃得多、吃得好，或者盲目消费等方面，而应体现在更加健康的生活方式上。

没有平和淡定的心态，就没有快乐、幸福的生活。

生活如同游山玩水一样，一会新奇，一会平淡。

政之求在于盛世太平，民之需在于生活富裕。

安居乐业是民生之本，也是社会得以安定的保障。

热爱生活就要珍惜生命，没有生命也就没有生活。

生活总是有挫折的，没有挫折的生活是没有的。

生活的轨迹就是这样：你向社会付出了爱，社会才会给你爱的回报。

谁没尝过酸甜苦辣，谁就体会不出生活的真谛。

生活往往就是这样，危机之后生良机，抓住它就会有收获。

要使自己在工作、生活中站稳脚跟，就应该学会改变自己。只有懂得改变自己，才有可能改变属于自己的那片天地。

知识、经验、实干，是人获得生存本领不可缺少的东西。

人生不能重来，过去的就过去了。所以，珍惜生活每一天就显得十分重要。

人越年老越能体味出生活的艰辛和复杂。

生活属于每个人，谁能善待它，它就善待谁；谁要愚弄它，它就愚弄谁。

家庭是社会的细胞，家庭和谐是社会和谐的根基，它们之间是相辅相成、相得益彰的。

生活需要爱，爱是生活的调味品。

生活并不平静，有快乐也有烦恼，有高潮也有低调，关键要有正确的心态面对它。

酸甜苦辣即生活。

冷空气刺骨让人看不见、摸不着，但能感觉到。

懂得娱乐的人，才懂得生活；没有娱乐，便不会生活。

生活是波浪式，绝对平静是没有的。

生活需要善待，善待才能拥有，拥有才可享受。

懂得了生活，也就懂得了人生。

生活需要奋斗，不奋斗就没有生活。

生活中，经常有人感到心累，岂不知，心累都是自己给自己施加压力造成的。因此，应学会放下琐事、忘却不幸、藐视挫折，那么，快乐生活将永远陪伴你。

许多美好的东西，只有内心

充满景仰与爱的人才能发现。

有时候，美好的东西离你很近，只不过你把目光投得太远，结果，错过了。生活就是这样，如果你能适当降低一下你的追求高度，那么，生活肯定就会如意许多。

一个人只有经常回顾过去、思虑所有、感念生活赋给我们的得失成败，才能从中找到人生的真正价值。

人的一生，谁不想平平安安、顺顺当当，但很多时候，好运气到来之前，往往需要经历艰辛和痛苦。

有些时候，得到什么并不重要，重要的是如何感受所得到的东西。

平凡生活不平凡，生活处处有亮点。

世上很多事情本身无所谓好坏，全在于当事人怎么看。

生活是无字之书，让人永远读不完。

生活并不缺少美，而是缺少发现美的眼睛。

世上没有过不去的坎，而只有不愿过坎的人。

人，一落地就掉进了生活圈里。所以，学会生活，才是一个人的真正本事。

别老嫌自己的岗位不好，不好的岗位也比没有岗位好。

没有生活的磨炼，就体会不出生活的滋味。

凡懂得生活转弯的人，才能避开弯道走捷径。

一个人要想减少对自己施加的压力，最好的办法就是不要对自己没把握的事情作出承诺。不然，你就会把自己的生活弄得一团糟。

一个人只有学会潇洒而平静地面对生活，才能获得内心的愉悦，感受人生的真谛。

生活中，出尽风头、好抬杠的人，在别人眼里只不过是一个跳梁小丑而已。

生活中的压力无处不在，关键看你能否将压力变为动力。如果能，那你就会觉得生活中有无穷的乐趣和享受；如果不能，那你就会让生活的压力所压垮。

如果一个人能真正认识到自己所遇到的不顺只是生活的一部分，并且能不以这些困难的存在与否作为衡量幸福的标准，那么你就是最聪明的，也是最幸福和最自由的人。

事实上，生活就是一个多棱镜，总是以它变幻莫测的每一面折射社会中的每个人。

平凡的生活才是最本质的生活，学会享受生活就应当从平凡事做起。

一个人能不对生活抱有不切实际的幻想，这人就不会太痛苦和失望。

生活就是不断地探索和发现自己所需的东西。

没有平常心态，就没有生活乐趣。

一个人要在生活中站稳脚跟，必须依靠自己的实力才行。

人总有失意和困惑的时候，但如果你能换一个角度去看待这个问题，那么，你就会发现其中还有不少明亮的东西，这时你也就不再感到失意和困惑了。

生活对谁都一样，不一样就在于个人把握。

苦是生活的佐料。

凡不把烦恼往心里搁的人，生活过得才舒心。

"比"，既能促人上进，也能给人带来痛苦，关键取决于自己如何认识和对待。

人对生活的态度和打算，细心的人可从他的一言一行中觉察出来。

要知道，善于忘记的人，才能甩掉身上沉重的包袱、轻轻松松做事情。

一个人如果能在日常生活中适当添加一些幽默，那么，你的生活过得就会更生趣、更快乐。

读懂生活不容易，学会生活靠自己。

浪漫是美好的，但浪漫并不等于不切实际，更不等于幼稚。只有用心生活，才会有幸福、有浪漫，更有情致。

生活是极其丰富的。只有空虚的人，才把它看得单调而苍白。

事实上，最乏味的东西莫过于生活上的无聊。

人人都过生活，但知道生活该咋过的人不多。

保持心态平和，自寻生活快乐。

生活上攀比，苦恼的是自己，损健康何必?

再幸福的生活，也会有挫折。只有让青少年具备直面困难的勇气，才能帮助他们战胜困难、学会生活。

人如能安于已有、不求奢望，日子过得才顺心。

人不融入社会，就很难适应生活。

只管快乐生活，别问其他如何。

人之所以活得不轻松，是因为计较太多、奢求太多。

## 时　尚

要顺应时尚，而不要一味追赶时尚。

要知道，赶时髦没钱不行。对时髦的追求，实际上就是对金钱的挥霍。

跟潮流没错，丢传统不可。

没人能挡住潮流的到来，但潮流能抛弃不顺从它的人。

潮流的威力是巨大的，没有什么力量能拗过它的冲刷与改变。

时尚，不断变换。旧时尚过去了，新时尚就会到来，循环往复，常变常新。

时髦，只不过是脱掉旧衣而换上新装罢了。

时髦的东西，时间一长，也

就不时髦了。

逆潮流而亡，顺潮流而兴，任何人都无法超越这个规律。

时髦，从独特开始到粗俗而终，既来又去，永无休止。

谁不能和变化的时代相对接，谁就最愚钝。

岂不知，新时尚的来临，往往要与旧时尚相碰撞或者相交锋，才能生成。

谁落伍时势，谁难立当前。

过时的都是原先时髦的。

## 消 费

消费是人类生活之必需，但消费不等于浪费。

适度消费最相宜，奢侈浪费最可耻。

消费不可攀比，量财而支最

精明。

正当消费是应该的，但消费不能浪费。要养成节俭的习惯，绝不能只为面子而不计小节。要知道，减少自己的零星开销，要比低三下四地请求别人资助更体面。

在消费问题上，人人都应该少一些攀比、多一些节俭，把钱花到最需要的地方去，真正做到节俭从简办一切事情。要知道，节俭永远是我们的传家宝。

无度奢侈，终将被奢侈吞没。

只知道消费而从未挣过钱的人，根本体会不出挣钱人的艰辛。

消费要根据储蓄而定，量入而出，方可自我节制。

当一个人在消费的时候，一定要掂掂钱的分量，非买不可的东西可买，可花不可花的钱收手。

顾客是上帝。只有满足顾客的心，才能赚取顾客的钱。

节制消费不受穷，无度开销是"烧包"。

人要大方，但不可穷大方；量财而支，切不可乱开支。

要清楚，算着花不是"抠门儿"，而是计划。

对一个营销人员来说，把话说出去、把钱收回来，这才是真正的营销大家。

有些东西，早买早受益，不买试惋惜。

不了解行情，就做不了买卖。

## 习　惯

习惯分好坏：好习惯——保持；坏习惯——改掉。

一个人如果养成了某种习惯，其思想意识就会自觉或不自觉地支配着自己的行动。要想改掉它，还非得下一番苦功不可。

有时也怪，明知不该做的事情，由于习惯的原因，自觉不自觉地就跟着做起来了。

习惯的力量是巨大的，这种力量有时可以主宰人的一生。

恶习是个人养成的，除非强行去改，不然是改不掉的。

一个人只要养成良好的道德习惯，内外兼修，就能达向高尚的人品和境界。

养成的习惯用不着去想，自然就会表现出来。

习惯对人的性格影响很大，有什么样的习惯，就有什么样的性格。

习惯能改，本性难移。

习惯的力量是巨大的，没有惊人的毅力和坚持的精神是无法抗拒的。

习惯具有两面性，既能成就一个人，也能毁掉一个人。

习惯，能使人不由自主而为之。

习惯在每个人身上或多或少都有表现，要说一点不被习惯左右的人是不存在的。

养成良好的习惯，是一个人道德修养的表现。

坏习惯一旦养成，改掉它相当不易。

恶习是由自己养成的，改掉它非靠自己不成。

事实上，从看不惯到能看惯，适应是关键。

人若养成不良习惯，它就像恶魔一样，时时都在纠缠你。

人的习惯是在不知不觉中养成，而要改掉习惯，如没有高度自觉的精神和持之以恒的决心，那是绝对不行的。

按计划行事，是改变拖延习惯最直接、最有效的办法之一。

任何力量都大不过习惯的力量。

恶习从小养成，到老不易改掉。

## 享 受

享受人人渴求。但过度享受，就会背离幸福、走向不幸。

健康有趣的聊天，实为人生的一大享受。

做有益于人民的事，本身就是一种快乐和享受。

享受既是感觉，也是体味。

生活富裕而精神空虚，这绝不是享受。

享乐也要节制。

物质生活的过度享受，会使人的精神变得空虚和麻木。

人人都想享受舒适的生活，这是应该的。但绝不能把它当作唯一的追求目标。否则，人就成了享乐的奴隶。

享受，人之需求。但过度享受就会使人精神颓废。

分享感情不幸福，分享快乐最幸福。

创造财富才能享受财富。

不同别人比享受，而同别人比奉献，的确需要一种高境界。

## 休 闲

正当的休闲，实际上就是对辛苦劳作的慰抚。

休闲不是偷懒，能自娱自乐或做点有意义的事情，那才叫闲中有趣。

一有空就读点书，的确是一种闲暇的享受。

文武之道，一张一弛，在繁忙的工作间隙中，不妨停下来想一想，总结成败得失的经验教训；歇一歇，积蓄继续前进的力量；看一看，在忙碌之外有那么多自然之美、生活之趣，这也是一种美妙、一种韵致、一种智慧。

放松身体，多点闲情逸致，是休闲养性的最好做法。

闲暇时常被人误解为偷懒。其实，闲暇与偷懒并非一回事。真正的学者总是在繁忙中偶尔偷闲，偷闲的目的就在于养精蓄锐、更好工作。

每个人都需要休息，不会休息的人，也就不会工作；不会工作的人，也就不懂生活。

消遣是工作紧张后的一种休整。

在现实生活中，人们常常会遇到一些不顺心的事情，与其焦躁不安地等待时日，不如静下心来做些其他事情。这样，既能消除人们的烦躁情绪，又能使其生活更充实、更有意义。

动静结合，有益身心。

忙里偷闲，闲中取静，是疗治心浮气躁的一剂良药。

悠闲自在去烦恼，平心养性颐天年。

劳不太累，闲中有乐，静心养神，活动健身，乃长寿之秘诀。

当你忙而无空的时候，是否该适当放松一下了？

适当休息一下，既是工作的需要，更是身体的必须。

心态放平衡，静养休闲中。

## 懒 惰

不劳而获者最可耻。

人无所事事，就等于生命死去。

懒人体会不出劳动的快乐。

懒惰生祸根，勤劳土变金。

谁能战胜自己的惰性，谁的意志就最坚强。

"懒、浮"是一个人进步的大敌。

勤是富的源，懒是穷的根。

懒惰是勤劳的对头，勤劳是幸福的帮手。

对懒汉来说，灵感对其毫无作用。

谁能战胜自己的惰性，谁就能在工作上取得好的成绩。

勤能补不足，懒惰事无成。

一味依赖别人养活的人，永远让人看不起。

对不起自己的工作，就有愧于国家付给你的薪酬。

偷懒的人都有一个共同心愿，那就是天上掉馅饼、不劳而获。

明天做是懒人的托词，图闲散才是其真正的今天。

成绩不沾懒人边。

好吃懒得动，到老必受穷。

人喜勤快不喜懒，懒在人前惹人烦。

舒服过度人变懒，懒人最受穷。

## 贫 穷

年轻时吃点苦，到老来不受穷。

穷，固然不好，但对一个有理智、有志气的人来说，家境贫点往往能促其发奋努力、顽强拼搏，最终取得成功。

穷不丧志，富不失节。

人穷不可怕，怕的是羞于贫穷而丧志。

能扶持一批穷人致富，要比帮一个富人发展更重要。

富了济贫受人敬，穷了攀富令人轻。

穷点不要紧，富了不忘本。自力更生、艰苦奋斗永远是我们的传家宝。

生活富、脑子空，比什么都"贫穷"。

生活上的清贫，对一个有志者来说，影响不了上进的决心。

只要不怕穷，就能战胜穷。

人穷不丧志就有出息。

贫而不贪最可贵。

贫穷不下贱，富贵戒骄淫。

贫是富而显，贫而有志离富不远。

人穷莫过于精神空虚，无知让人最饥饿。

## 金 钱

有钱好还是有钱坏，这个并不重要，重要的是你拿钱干什么。

有钱可喜也可忧：喜的是它可以为人办好事，忧的是它也能为人做坏事。

手不贪钱，钱不咬手。

有钱不是坏事，但要取之正道。

贪心不足的根源是被金钱蒙住了眼睛。

人一旦和钱结下深交，如不留神，就会被它吃掉。

金钱是把双刃剑，能给人造福，也能给人招祸，关键看你怎么用。

有钱人要规避有钱惹事，无钱人要自寻无钱乐趣。

事实上，钱代替不了真情，真情也代替不了金钱。

人钻钱眼里，绝没大出息。

谁把金钱当成从政的母乳，谁就逃脱不了身败名裂的悲惨结局。

一旦金钱与权力结合紧密，受害最深的还是老百姓。

当薪金达到一定程度时，钱对人才的吸引就没那么强烈了。只有对人才的真正尊重，才是招揽和留住人才的关键。

钱乃身外之物，用好是福，用不好是祸。

人活着需要钱，但绝不能为钱而活着。

当心：太容易得到的钱财，往往是陷阱。

有钱神气，没钱丧气，钱能润滑各种关系，办起事来比较顺意，这是不可否认的事实。但要把握个度，不然就会误入歧途、触犯法规。

钱能买来很多东西，但买不来人的生命价值。

赚正当的钱是君子，赚不义的钱是小人。

有钱不露富，无钱忌说穷。

钱迷心窍无亲情。

让金钱占据了头脑，人就会变得疯狂。

得钱来路正，钱多最光荣。

## 财　富

用辛勤的汗水换来的物质财富是幸福的，用不正当的手段得到的不义之财是殃祸的开始。

不经辛酸的财富不甜。

一个人是否拥有高品质的生活，并不完全取决于他占有多少财富，或者消耗了多少财富，而主要是取决于他在物质与精神两个层面上的生活状态。如果没有精神上的富有，即使拥有财富再多，其生活也是苍白乏味的。

财富能使人脱离贫困提升快乐感，可一旦达到一定富有后，财富的再添加也就无法感受原先的那种幸福了。

一滴汗水，就是一滴财富。

对于财富，生不带来、死不带去，用自己创造的财富造福更多的人，这样的财富才更有生命力，这样的富人才更高尚和伟大。

拥有财富当自醒。它能使人抬高身价，也能使人身败其中。

人生经历，也是一种难得的宝贵财富。

财富的价值在于利用之后，吝啬的人绝不会想到这一点。

财富取之正道才幸福。

财富能抬高人的身价，也能毁掉人的前程。

有学问就有财富。

拥有财富不奢侈，惠施于民最正道。

心美彰显人品，财富难填欲洞。

谁被财富支配，谁就难得自由。

# 十三　节俭·幸福·健康

## 节　俭

崇节俭、戒奢侈，自古传统不可弃。

俭以养德，淡泊明志。

人不节俭难立身，家不节俭难兴盛。节俭应当成为我们的一种理念、一种生活方式、一种价值追求、一种修身美德。

节俭是财富的另一种积累。

节俭不是小气，而是兴邦持家的法宝。

节俭是美德，也是一种力量。

节俭是一种美德，也是一种个人修养。一个人如果丧失节俭意识、放任自我、沉迷于奢侈生活，那么，他就将失去社会的支持、遭到人们的唾弃。

其实，节俭就是为了将来生活得到更好保障。

富豪节俭更难得。

俭节则昌是良训，淫逸则亡难逾规。

涓涓细流汇成河，一点一滴聚成塔。

节约既是做人的一种社会责任，更是一种修养。

建设节约型社会，是每个公民的共同责任。

"俭以养德"。节约是一种美德、一种智慧，更应成为一种习惯和风气。

节约资源从某种意义上说，就是延续我们的生命。

奢侈浪费、暴殄天物，本身就是一种精神迷失。

节约就是效益，降耗就是增收。

节约也是一种责任和义务。

发扬艰苦奋斗精神，建设节约型社会，这是人与自然和谐相处的正确选择。

节约不是吝啬，是生活遇难时的救济"粮仓"。

## 勤　俭

勤俭精进，日积月累，就能像泰山那样，积小壤而成大高。

以俭助廉防贪欲，以勤成业攀高峰。

勤能生金，俭可聚银。

人勤地不懒，生活节节高。

勤俭生财富，浪费总受穷。

勤俭是中华民族的传统美德，也是一种文化和修养。

勤与俭相辅相成。只知勤而不知俭，浪费殆尽；只知俭而不知勤，终无所获。

治业需勤俭，立身当自强。

勤俭，既是一种美德，也是一种力量。

由俭入奢易，奢侈人受穷；勤俭是美德，富贵不能淫。

"勤"能开源，"俭"能节流，勤俭永远是我们的传家宝。

勤俭殷实丰，挥霍人受穷。

勤为无价宝，懒为克财星。

勤无难事，俭不忧贫；奢侈浪费，败家败身。

## 幸 福

人一生最大的幸福就是能够帮别人做点善事，为众生付出自己的一切，乃至生命。

苦难为幸福铺垫，没有苦难也就尝不出幸福的甘甜。

苦有苦的好处，苦能医治对幸福的麻木。凡吃过苦头的人，才知道幸福的甘甜。相反，身在福中不知福，大难离你不远。

人只要有了充实的物质和精神生活，那就是幸福的。

满足社会需要和无私助人，就是幸福。

幸福是一步步从荆棘中走出来的。

真正的幸福源自每个人的内心；物质生活上的富足，首先源自精神生活上的富有。

人类创造一切的目的都是为了寻求幸福。

能为社会创造价值就是幸福。

为人民做了有益的事就是幸福。

一个人所从事的职业能与自己的兴趣爱好融合在一起，那就是幸福的。

收获自己的劳动果实最幸福。

人生不走回头路，珍惜生活最幸福。

你给幸福下什么样的定义，你就有什么样的幸福感受。

永不知足的人，永远得不到幸福。

忘记昨日苦，怎惜今日甜？

在生活享受上，知足常乐是最大的幸福。

幸福不在于拥有多少财富，而在于健康的心态和平静的生活。

对父母来说，子女孝顺就是最大的幸福。

有时，一个人难以阻止不幸发生在自己身上，失败已成定局。这时如果你能选择积极、正确的态度去面对失败后的不幸，那么，你也是幸福的。

有病人遭罪，没病就是福。学会分享也幸福。

你可知道，为什么有人追求的物质多了还不幸福，原因就是缺乏丰盛的精神大餐。

谁能感觉别人的关爱，谁就是幸福的。

幸福没有标准，只有感受。

## 健　康

保持心理健康是一个人应对竞争、成就事业、获得幸福的重要保证。

一个人之所以能够取得事业上的成功，关键是因为他有健康的心理素质。

再多的金钱也买不来健康，健康是成就事业最根本的条件。

身心健康对人的思维、态度、言行起着重大而根本性的作用。

身心健康是干好一切工作的本钱。

闲中静养，有益健康。

健康是幸福的首要条件。

隐病忌医者，损康也。

如果用"0"来表示地位、财富、成功的话，那么健康就是前面的"1"，没有了"1"，后面的一切就只能是镜花水月、竹篮打水一场空。

健康是资本，没病就赚钱。

心态对人的健康至关重要。没有好心态，就没好身体。

钱能买来物质享受，但它买不来健康的身体。

心理健康胜过身体健康。

只有身心健康，才有可能获得一切。

人有健康虽不能得到一切，但没有健康必将失掉一切。

健身健心，心不健者寿减半。

健康是获得一切财富的资本。

忽视健康的人，就等于残害自己的生命。

戒烟限酒益身，清心寡欲延寿。

快乐、希望、爱心是延缓衰老的良药。

病去人轻松，病魔缠身无精神。

人失去健康比失去什么都痛苦；人拥有健康比拥有什么都幸福。

保持良好心态，是健康长寿的上等良药。

## 体　魄

强壮的体魄是干好工作的第一功臣。

浑身舒而有力，是人精神饱满的突出象征。

只有强壮的体格，才能完成艰巨的任务。

健康的体魄是一个人永恒的追求。有了它，才有美好愿望的实现。

凡担当大任者，没有强壮的体魄是不行的。

既要体格强壮，更要精神健康，这才是完整的健康人。

只有强壮的身体，才能担当大任。

人生最大的财富莫过于健康的体魄。

聪明的智慧依附于健康的体魄。

从一定意义上讲，体魄比智慧更重要。因为，智慧是附着于身体之上的。没有体魄，也就没有智慧。

## 锻　炼

长跑是锻炼人的毅力和耐力的最好途径。

适当从事体力劳动，能减缓人的衰老程度。

人的健康可以通过锻炼来实现。

身体靠保健，体壮靠锻炼。

脑子越用越灵，身体越炼越棒。

无论采取什么样的方式锻炼，最根本的一点就是要长期坚持，切勿一曝十寒。

锻炼既有乐趣，更能益身。

体健靠锻炼，坚持是关键。

锻炼是疗病健体的良方。

要想使自己的身体健康，就必须从运动着手，加强锻炼，增强体质，延长寿命。

锻炼要适度，过度伤其身。

忽视锻炼，就是忽视健康；忽视健康，就是摧残生命。

## 运 动

人常说，活动、活动，活需动、动必活，坚持活动人长寿。

身体因缺乏活动而衰，要强身就要多活动。

活动身不衰，豁达人增寿。

生命靠运动，静止便死亡。

身体因运动而强壮，生命靠运动而延长。

运动是生命之源，动能健体，体健才能寿长。

身体要健康，运动少不了。

不常运动的人，绝没好身体。

运动是永恒的。没有运动，也就没有生命。

强身靠运动，不动易生病。

运动是生命的助推器。没有运动，生命也就停止了。

健康靠活动，活动是强身健体的途径。

## 微　笑

微笑对待他人，不仅能驱散自己的烦闷心情，而且还能拉近与他人的感情距离。

灿烂一笑，让陌生人也感到亲热。

调适忧愁、痛苦的最好办法就是微笑。微笑是滋补、调节人体健康的营养素。

你可知道，保持健康最轻松的动作是微笑。

微笑是增加人缘指数最快的方式之一，是润滑各种人际关系的上等秘方。

微笑，既是对人的一种礼貌的表示，也是沟通人际关系的最好妙招。

一个小小的微笑，不仅是快乐的象征，也是人与人之间感情沟通的桥梁。

笑是拉近人与人之间情感距离的介绍信。

凡事都要想开点，笑一笑十年少。自寻快乐，不仅能忘掉烦恼，还有益于身心健康。

笑是健康的补品。

笑是获取健康的良药。

笑一笑愁消掉，乐观向上人年少。

笑容可掬，什么时候都不会惹人讨厌。

从内心流露出来的笑最真诚、最甜蜜。

处困境而能给人以微笑，实属一种难得的境界。

微笑付人以亲切，且能拉近人与人之间的心理距离，是人际交往中的最佳"润滑剂"。

爽朗的笑声是健康的象征。

微笑，不惧困难的外在显现。

笑能给人鼓劲，也是医治信心不足的良药。

## 养　性

处浮躁而心静，心静者胜出。

乐观、运动加保养，不求大夫开药方。

凡事不要太计较，过于计较易伤神，最终毁的是自身。

心里不平衡、有落差，最好是用平和、愉悦的心情矫正它。

养生如同年终决算，年轻时养成的不良习惯，到暮年一定给你算总账。

为人做事德为先，修身养性人称贤。

修身养性，颐养天年。

去除嘈杂与浮躁，平静乃是本真的美。

老来忙、身体壮，纯粹养老越养越老。

少饮益身，暴饮伤身。

常葆一颗青春心，年龄虽长寿命长。

凡事应该乐观、豁达，对生活充满热爱和憧憬，始终保持一颗平常心，这对增进健康、延年益寿很有帮助。

平和心态静如水，轻看名利无忧愁。

平和的心态，既是一种气质，也是一种境界。一个人只要善养平和之气，就能在人生的道路上走得既轻松、潇洒，又自然、精彩。

戒烟限酒大步走，人活超过九十九。

最不可缺少的内心安宁，是幸福长寿的秘诀之一。

清心寡欲人添寿，生活无度易伤身。

烦事抛开、精神愉快，这是最好的养生秘诀。

养性无他法，静心放松少烦恼，气健胸宽怒要消。

喜怒无常伤脑筋，端正心态益身体。

一个人要学会生活，就要先学会心态放松。只有心态放松，才有可能找到真正属于自己的那份舒适与惬意。

## 劳　逸

有劳有逸、张弛有度，才是做好工作的正确方法。

劳逸结合有利身体健康、延长寿命。

没有休息，工作便不能持久。

休息虽占用一定时间，但能为下一步工作蓄足精力。

有劳有逸、恰当处置，不仅是一种有效的学习、工作方法，也是一种良好的生活方式。

繁忙不忘休息，生活要有规律。

一个人既不可超负荷劳动，也不能过于悠闲，要以保持身心活动平衡为最好。

劳动与休息同等重要，偏向哪方都不好。

休息是消除疲劳的补养品。

劳动和休息就像自行车的两个轮子，缺一不可。

张弛有度、劳逸结合，没有高质量的休息，就没有高效率的工作。

休息是劳累的最好给养。

没有好的休息，就没有好的工作。

## 适　度

婉转说话人爱听，生硬话语难受众。

凡能承认自己败，就不宜穷追不舍，要适可而止，要给他人留点退路，不然，就失去了人情味。

其实，有些事不能太较真，但也不能太糊涂，要适可而止、恰到好处，不然事情就得不到圆满结局。

人体健康讲平衡，打破平衡易得病。

凡事做过了头，就有害而无益。

饮酒适中，有益身心；饮酒过度，伤神损寿。

人吃过饱想事少，酒喝过量话头多。

凡事适度有益、过度有害。

凡事应节制，才有利于身心健康。

人既不要看高自己，也不要看低自己，把自己放在适合的位置，才不至于看走眼了自己。

事实上，为人处世也要把握分寸，越过了"界"就会出岔子。

无节制的暴饮暴食，不仅不

能补充养分，反倒有损身体健康。

凡事都能适可而止，的确需要一种自控能力。

放弃和得到同样重要。该得到的就得到，不该得到的就放弃。

恰到好处最适合，多点少点都不宜。

岂不知，精明过度的人，不但人不爱，反倒遭人嫌。

适当压力对人来说有好处。

没有压力，人就失去了奋进的动力、激情和决心。

有的事，适当拖延一下也不失为解决问题的一个办法。

有些事是否做到了：过头的自警点，不过头的努力点。

其实，夸人也要讲分寸。可贵之处就在于恰到好处，使人觉得既舒服又开心，还让人没有那种奉承之嫌。

人心无尽，适可而止为最上。

# 心愿·感谢·赐教

感悟人生酸甜苦辣，洞悉世事曲折纷纭——《人生悟语》能给您一丁点儿启发，我就心满意足了。

感谢国学大师李燕杰和陈明教授在百忙中为本书写序；感谢75岁高龄的王忠东前辈为本书策划、校对、出版操尽心血；感谢王兴堂、严文君、王忠远、刘静等同志对我的支持和帮助。

和任何新生事物一样，《人生悟语》尚有诸多不足之处，敬请读者批评、赐教。

作 者
2009 年 8 月